土木建筑大类专业系列新形态教材

安装工程识图与施工工艺

夏利梅　赵秋雨　主　编
孙誉桐　杨珊珊　副主编

清华大学出版社
北京

内 容 简 介

本书根据高职高专教育培养高技能复合型人才的要求，课程自身的特点、规律，专业现行规范条文、安装标准图集，并结合造价工程师、注册公用设备工程师、注册电气工程师等职业资格考试相关内容，对接工程项目的岗位工作需求进行编写。全书共包括建筑给排水系统、建筑消防灭火系统、供暖系统、通风空调系统、建筑防排烟系统、建筑电气系统、智能建筑弱电系统7个模块化项目。每个模块化项目均选取实际工程项目的背景案例导入，以典型学习任务的形式展开知识引领。同时在每个项目中均配备了"项目案例实施""项目技能提升""项目评价总结"等实践思考性环节，帮助读者营造工作岗位情境，提升专业素养。

本书可作为高职高专工程造价、建筑工程管理、建筑设备等土建类相关专业学习的教材，也可供从事工程造价、建筑工程技术、建筑施工等方面工作的技术人员参考。

本书封面贴有清华大学出版社防伪标签，无标签者不得销售。
版权所有，侵权必究。举报：010-62782989，beiqinquan@tup.tsinghua.edu.cn。

图书在版编目(CIP)数据

安装工程识图与施工工艺/夏利梅，赵秋雨主编．—北京：清华大学出版社，2022.6（2024.8重印）
土木建筑大类专业系列新形态教材
ISBN 978-7-302-60993-3

Ⅰ．①安… Ⅱ．①夏… ②赵… Ⅲ．①建筑安装－建筑制图－识图－职业教育－教材 ②建筑安装－工程施工－职业教育－教材 Ⅳ．①TU204.21 ②TU758

中国版本图书馆CIP数据核字(2022)第095827号

责任编辑：杜 晓
封面设计：曹 来
责任校对：李 梅
责任印制：宋 林

出版发行：清华大学出版社
网　　址：https://www.tup.com.cn，https://www.wqxuetang.com
地　　址：北京清华大学学研大厦A座　　邮　编：100084
社 总 机：010-83470000　　邮　购：010-62786544
投稿与读者服务：010-62776969，c-service@tup.tsinghua.edu.cn
质量反馈：010-62772015，zhiliang@tup.tsinghua.edu.cn
课件下载：https://www.tup.com.cn，010-83470410

印 装 者：三河市龙大印装有限公司
经　　销：全国新华书店
开　　本：185mm×260mm　　印　张：13.25　　字　数：304千字
版　　次：2022年8月第1版　　印　次：2024年8月第3次印刷
定　　价：49.00元

产品编号：098071-01

前 言

安装工程包括建筑给排水、暖通空调、建筑电气三大部分,各个子部分工程图纸的识读、安装工艺要点的理解都需要很强的专业性和实践性,不仅需要掌握大量的专业知识,还需要及时了解国家规范图集中提出的新要求。安装工程识图与施工工艺课程作为高职高专院校土建大类的主要专业基础课程之一,必须根据行业发展新要素及时推陈出新,不断调整优化,以适应"三教"改革的需要,对接经济社会和企业的发展需求。

党的二十大报告指出:"教育、科技、人才是全面建设社会主义现代化国家的基础性、战略性支撑。"本书紧扣国家战略和党的二十大精神,旨在培养学生具备正确识读安装工程图纸、掌握安装工艺的岗位工作能力,为后续安装工程计量与计价等专业课程做好专业铺垫,同时为企业输送会读图、能施工的复合型技术人才。本书主要特色如下。

1. 项目化教学体系

本书以项目化的形式将教学体系贯穿始终。全书共设 7 个项目,项目基于实际工作岗位任务和工作过程进行重构、整合生成,项目内容把握实践需求,重点强化工程实践能力的培养。

2. 以岗位实际需求为导向

以工程建设活动中对安装工程的图纸识读、施工工艺的技术要点落实等工作的岗位需求为导向,在书中每个项目下设置了若干个典型学习任务。学习任务由浅入深,逐层推进,同步在学习任务中穿插各类实际工程图片、工程图纸,形成理实一体化的学习思路,助力学生快速、精准掌握岗位技能核心点。

3. 以工程项目案例为抓手

本书以实际工程项目案例作为项目导入,同时精选造价工程师、注册公用设备工程师、注册电气工程师等职业资格考试真题,丰富日常的教学活动,巩固学习要点,充分体现了"教学过程与工作过程对接"的职业教育的课程改革要求。

4. 新形态立体化教学资源

本书以二维码的形式提供了学习所需要的辅材,包括工程项目图纸、电子课件、微课视频、训练题答案以及现行技术标准规范等,力求帮助初学者在学习时最大化地接受新知识,快速、高效地达到学习目的,充分体现大数据时代背景下教与学的新模式。

5. 有机融入课程思政元素

本书以专业课程内容为载体,以思政元素为底色,有机融入劳动精神、工匠精神、劳模精神等育人新要求,潜移默化地引导学生树立积极向上的世界观、人生观、价值观,激发学生对本专业的热爱,实现润物无声的育人成效。

本书为江苏城乡建设职业学院工程造价省级高水平专业群立项建设项目(项目编号:ZJQT21002316),由校企教师团队合作共同编写。本书由江苏城乡建设职业学院夏利梅、赵秋雨担任主编,江苏城乡建设职业学院孙誉桐、杨珊珊担任副主编,江苏城乡建设职业学院周建云参与编写。本书具体编写分工如下:项目1和项目6由夏利梅编写,项目2由赵秋雨编写,项目3~项目5由孙誉桐编写,项目7由杨珊珊编写。书中的工程项目案例图纸、微课、视频等资源由赵秋雨、夏利梅、周建云、孙誉桐、杨珊珊负责制作和编辑。全书由夏利梅负责统稿,由上海市市政工程建设发展有限公司陈石审定。在此对参与本书编写工作的全体合作者表示衷心的感谢。

本书在编写过程中,参考了大量文献资料,在此一并表示感谢。限于编者的水平与经验,书中难免存在不妥之处,敬请读者批评指正。

编　者

2023年5月

目 录

项目1 建筑给排水系统 ... 1
任务1.1 建筑给排水基础知识 ... 2
1.1.1 常用管材 ... 2
1.1.2 常用管道连接方式 ... 6
1.1.3 常用管件与附件 ... 6
1.1.4 常用给水设备 ... 12
1.1.5 常用排水设备 ... 13
任务1.2 建筑给水系统 ... 17
1.2.1 建筑给水系统的分类 ... 17
1.2.2 建筑给水系统的组成 ... 18
1.2.3 建筑给水方式 ... 19
1.2.4 建筑给水管道的施工工艺 ... 23
1.2.5 阀门、水表安装工艺 ... 26
任务1.3 建筑排水系统 ... 27
1.3.1 建筑排水系统的分类 ... 27
1.3.2 建筑排水系统的组成 ... 28
1.3.3 建筑排水管道安装工艺 ... 30
1.3.4 卫生器具安装工艺 ... 32
任务1.4 建筑给排水系统施工图的识读 ... 32
1.4.1 建筑给排水系统施工图的组成与内容 ... 32
1.4.2 建筑给排水系统施工图的一般规定 ... 34
1.4.3 建筑给排水系统施工图的识读方法 ... 36
项目案例实施 ... 38
项目技能提升 ... 39
项目评价总结 ... 41

项目2 建筑消防灭火系统 ... 43
任务2.1 室内消火栓给水灭火系统 ... 44
2.1.1 室内消火栓给水灭火系统的类型 ... 44
2.1.2 室内消火栓给水灭火系统的组成 ... 44

2.1.3 消火栓给水系统的安装工艺 …………………………………………… 46
任务 2.2 自动喷水灭火系统 ……………………………………………………… 47
　　2.2.1 自动喷水灭火系统的分类 …………………………………………… 47
　　2.2.2 自动喷水灭火系统的主要组成 ……………………………………… 49
　　2.2.3 自动喷水灭火系统的安装工艺 ……………………………………… 52
任务 2.3 建筑消防灭火系统施工图的识读 ……………………………………… 54
　　2.3.1 建筑消防灭火系统施工图的常用图例 ……………………………… 54
　　2.3.2 建筑消防灭火系统施工图的识读方法 ……………………………… 55
项目案例实施 ………………………………………………………………………… 56
项目技能提升 ………………………………………………………………………… 57
项目评价总结 ………………………………………………………………………… 58

项目 3　供暖系统 ……………………………………………………………………… 59

任务 3.1 供暖系统的组成与分类 ………………………………………………… 60
　　3.1.1 供暖系统的组成 ……………………………………………………… 60
　　3.1.2 供暖系统的分类 ……………………………………………………… 60
任务 3.2 散热器热水供暖系统 …………………………………………………… 61
　　3.2.1 自然循环热水供暖系统 ……………………………………………… 61
　　3.2.2 机械循环热水供暖系统 ……………………………………………… 61
　　3.2.3 高层建筑热水供暖系统的常用形式 ………………………………… 64
任务 3.3 分户供暖及低温热水地板辐射供暖系统 ……………………………… 66
　　3.3.1 分户热计量热水供暖系统 …………………………………………… 66
　　3.3.2 低温热水地板辐射供暖系统 ………………………………………… 68
任务 3.4 室内供暖系统的施工工艺 ……………………………………………… 70
　　3.4.1 室内供暖管道的安装 ………………………………………………… 70
　　3.4.2 散热器的分类及安装 ………………………………………………… 71
　　3.4.3 补偿器和管道支架的安装 …………………………………………… 72
　　3.4.4 供暖辅助设备及附件的安装 ………………………………………… 74
任务 3.5 供暖系统施工图的识读 ………………………………………………… 75
　　3.5.1 供暖系统施工图的组成与内容 ……………………………………… 75
　　3.5.2 供暖系统施工图的识读方法 ………………………………………… 76
项目案例实施 ………………………………………………………………………… 77
项目技能提升 ………………………………………………………………………… 78
项目评价总结 ………………………………………………………………………… 79

项目 4　通风空调系统 ………………………………………………………………… 81

任务 4.1 通风系统的分类及特点 ………………………………………………… 82
　　4.1.1 自然通风与机械通风 ………………………………………………… 82
　　4.1.2 全面通风与局部通风 ………………………………………………… 83
任务 4.2 通风系统的组成 ………………………………………………………… 85

4.2.1　进、排风装置 ………………………………………………… 85
　　4.2.2　风机 …………………………………………………………… 86
　　4.2.3　风管 …………………………………………………………… 86
　　4.2.4　室内送、排风口 ……………………………………………… 87
　　4.2.5　风量调节阀 …………………………………………………… 87
任务 4.3　空调系统 …………………………………………………………… 87
　　4.3.1　空调系统的专业术语 ………………………………………… 88
　　4.3.2　空调系统的组成 ……………………………………………… 89
　　4.3.3　空调系统的分类 ……………………………………………… 90
　　4.3.4　空调系统的制冷系统 ………………………………………… 92
任务 4.4　通风空调系统的施工工艺 ………………………………………… 97
　　4.4.1　通风空调系统的常用材料 …………………………………… 97
　　4.4.2　通风空调系统管道的安装 …………………………………… 97
　　4.4.3　通风系统部件的安装 ………………………………………… 100
　　4.4.4　通风空调设备的安装 ………………………………………… 100
任务 4.5　通风空调系统施工图的识读 ……………………………………… 102
　　4.5.1　通风空调系统施工图的组成与内容 ………………………… 102
　　4.5.2　通风空调系统施工图的一般规定 …………………………… 104
　　4.5.3　通风空调系统施工图的识读方法 …………………………… 105
项目案例实施 …………………………………………………………………… 107
项目技能提升 …………………………………………………………………… 108
项目评价总结 …………………………………………………………………… 109

项目 5　建筑防排烟系统 …………………………………………………… 111

任务 5.1　建筑防排烟系统基本知识 ………………………………………… 112
　　5.1.1　建筑防排烟系统的定义与作用 ……………………………… 112
　　5.1.2　建筑防排烟系统的常用名词 ………………………………… 112
任务 5.2　自然排烟与机械排烟 ……………………………………………… 113
　　5.2.1　自然排烟 ……………………………………………………… 113
　　5.2.2　机械排烟 ……………………………………………………… 113
任务 5.3　自然防烟与机械防烟 ……………………………………………… 117
　　5.3.1　自然防烟 ……………………………………………………… 117
　　5.3.2　机械防烟 ……………………………………………………… 117
任务 5.4　建筑防排烟系统施工工艺 ………………………………………… 118
　　5.4.1　风管管材 ……………………………………………………… 118
　　5.4.2　管道耐火极限 ………………………………………………… 118
　　5.4.3　风管安装 ……………………………………………………… 119
任务 5.5　建筑防排烟系统施工图的识读 …………………………………… 120
　　5.5.1　建筑防排烟系统施工图的一般规定 ………………………… 120

5.5.2　建筑防排烟系统施工图的识读方法 …………………………… 120
项目案例实施 ……………………………………………………………………… 122
项目技能提升 ……………………………………………………………………… 123
项目评价总结 ……………………………………………………………………… 124

项目6　建筑电气系统　125

任务6.1　建筑电气系统基础知识 …………………………………………… 126
　　6.1.1　电力系统概述 ………………………………………………… 126
　　6.1.2　三相交流电 …………………………………………………… 129
　　6.1.3　电气设备安装工程的组成 …………………………………… 131
任务6.2　常用电气材料 ……………………………………………………… 132
　　6.2.1　常用导电材料 ………………………………………………… 132
　　6.2.2　常用安装材料 ………………………………………………… 137
任务6.3　建筑供配电系统 …………………………………………………… 139
　　6.3.1　民用建筑供电方式 …………………………………………… 139
　　6.3.2　民用建筑配电方式 …………………………………………… 140
　　6.3.3　变(配)电所 …………………………………………………… 142
　　6.3.4　室外线路的分类及施工工艺 ………………………………… 146
任务6.4　建筑电气照明系统 ………………………………………………… 152
　　6.4.1　照明方式和种类 ……………………………………………… 152
　　6.4.2　照明电光源和灯具 …………………………………………… 153
　　6.4.3　建筑电气照明配电系统的组成 ……………………………… 156
　　6.4.4　室内照明配电线路的施工工艺 ……………………………… 158
　　6.4.5　照明用电器具的施工工艺 …………………………………… 159
　　6.4.6　配电箱的施工工艺 …………………………………………… 163
任务6.5　建筑防雷接地系统 ………………………………………………… 164
　　6.5.1　建筑防雷接地装置 …………………………………………… 164
　　6.5.2　建筑防雷接地装置的施工工艺 ……………………………… 168
任务6.6　建筑电气系统施工图的识读 ……………………………………… 170
　　6.6.1　建筑电气系统施工图的组成与内容 ………………………… 170
　　6.6.2　建筑电气系统施工图的一般规定 …………………………… 172
　　6.6.3　建筑电气系统施工图的识读方法 …………………………… 174
项目案例实施 ……………………………………………………………………… 176
项目技能提升 ……………………………………………………………………… 177
项目评价总结 ……………………………………………………………………… 180

项目7　智能建筑弱电系统　182

任务7.1　智能建筑弱电系统概述 …………………………………………… 183
　　7.1.1　智能建筑的概念 ……………………………………………… 183
　　7.1.2　智能建筑弱电系统的组成 …………………………………… 183

任务 7.2　火灾自动报警系统与消防联动控制系统 …………………………………… 184
　　7.2.1　火灾自动报警系统与消防联动控制系统的组成 …………………… 184
　　7.2.2　火灾自动报警系统的常用设备 ……………………………………… 184
　　7.2.3　消防联动控制系统 …………………………………………………… 186
　　7.2.4　消防联动控制系统的线路敷设与接地调试 ………………………… 191
任务 7.3　安全防范系统 …………………………………………………………… 192
　　7.3.1　安全防范系统的组成 ………………………………………………… 192
　　7.3.2　安全防范系统的常用设备 …………………………………………… 193
　　7.3.3　安全防范系统的线路敷设 …………………………………………… 195
任务 7.4　智能建筑弱电系统施工图的识读 ……………………………………… 196
　　7.4.1　智能建筑弱电系统施工图的组成与内容 …………………………… 196
　　7.4.2　智能建筑弱电系统施工图的识读方法 ……………………………… 197
项目案例实施 ………………………………………………………………………… 198
项目技能提升 ………………………………………………………………………… 199
项目评价总结 ………………………………………………………………………… 200

参考文献 ……………………………………………………………………………… **202**

项目 1 建筑给排水系统

项目学习导图

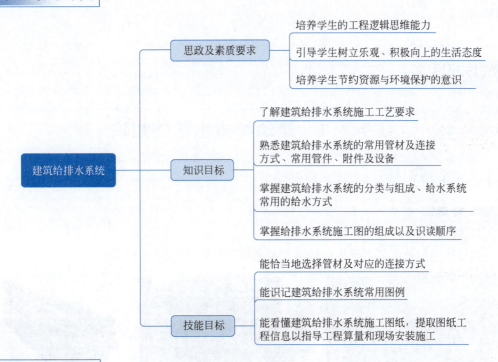

项目知识链接

(1)《建筑给水排水设计标准》(GB 50015—2019)
(2)《建筑给水排水及采暖工程施工质量验收规范》(GB 50242—2017)
(3)《给水排水管道工程施工及验收规范》(GB 50268—2008)
(4)《生活饮用水卫生标准》(GB 5749—2006)
(5) 图集《给水设备安装》(S1 2014 年版)
(6) 图集《排水设备及卫生器具安装》(S3 2014 年版)
(7) 图集《室内给水排水管道及附件安装》(S4 2014 年版)

项目案例导入

××市××住宅项目建筑给排水系统施工图的识读

> **工作任务分解**

二维码中是××市××住宅项目的建筑给排水系统施工图。图纸中的文字说明如何

××市××住宅
项目建筑给排水
系统施工图

解读？图纸中各段线条分别代表什么含义？图纸中的符号、数据如何解析？给排水系统是如何安装的？安装过程中有哪些技术要点？以上相关任务在本项目内容的学习过程中将逐一获得解答。

▶ 实践操作指引

为完成前面分解出的工作任务，需了解建筑给排水系统的分类、系统的组成部分、施工工艺，学会用工程专业术语表示给排水系统施工做法，掌握给排水系统施工图的识读方法。最关键的是能够结合工程项目图纸熟读施工图，掌握具体项目的施工做法与施工过程，为建筑给排水系统施工图的计量与计价打下扎实的基础。

项目知识引领

任务 1.1　建筑给排水基础知识

1.1.1　常用管材

1. 金属管

1）钢管

钢管按照制造工艺可分为焊接钢管和无缝钢管等，如图 1-1 所示。

(a) 镀锌钢管

(b) 非镀锌钢管

(c) 无缝钢管

图 1-1　钢管

（1）焊接钢管。

焊接钢管又称有缝钢管，包括普通焊接钢管、直缝卷制电焊钢管和螺旋缝电焊钢管等。

普通焊接钢管俗称水煤气管，按表面处理方式的不同可分为镀锌钢管（白铁管）和非镀锌钢管（黑铁管）。目前镀锌钢管主要用于煤气管道、消防给水管道、卫生器具排水支管及生产设备（非腐蚀性）的排水支管。

焊接钢管常用的连接方式包括焊接连接、螺纹连接、法兰连接和卡箍连接等，其规格用公称直径"DN"表示，如 DN200，表示该管道的公称直径为 200mm。

(2) 无缝钢管。

无缝钢管是将普通碳素钢、优质碳素钢或低合金钢通过热轧或冷轧工艺制造而成,其外观特征是纵横向均无焊缝。无缝钢管常用于生产给水系统,满足各种高温、高压、低温等相对要求较高的介质输送。在民用安装工程中,无缝钢管一般用于采暖主干管和煤气主干管等,给排水工程中使用较少。

无缝钢管通常采用焊接连接和法兰连接。无缝钢管在同一外径下往往有几种壁厚,其规格一般采用"D 外径×壁厚"表示,如 $D108\times 4$,表示管道外径为 $108mm$,壁厚为 $4mm$。

2) 铸铁管

铸铁管由生铁制成,按材质可分为灰铸铁管、球墨铸铁管及高硅铸铁管,如图 1-2 所示,多用于给水、排水和煤气输送管道中。

  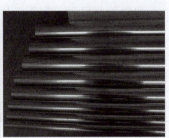

(a) 灰铸铁管　　　　　　　(b) 球墨铸铁管　　　　　　　(c) 高硅铸铁管

图 1-2　铸铁管

给水铸铁管的优点是耐腐蚀性强、使用寿命长、价格较低;缺点是质脆、重量大、长度小、加工和安装难度大、不能承受较大的动荷载。我国生产的给水铸铁管有低压($0\sim 0.5MPa$)给水铸铁管、普压($0.5\sim 0.7MPa$)给水铸铁管和高压($0.7\sim 1.0MPa$)给水铸铁管三种。建筑内部给水管道一般采用普压给水铸铁管。

排水铸铁管的管壁较给水铸铁管薄,不能承受高压,常用作生活污水管、雨水管等,也可用作生产排水管。排水铸铁管的优点是耐腐蚀、具有一定的强度、耐用、价格便宜;缺点是性脆、自重大、每根管的长度小、管接口较多、施工复杂。

铸铁管通常采用承插连接和法兰连接两种方式,管段之间一般采用承插连接,经常需要拆卸的管道之间以及管道与设备、阀门之间采用法兰连接。铸铁管的规格常用公称直径"DN"表示,如 DN200,表示该管道的公称直径为 $200mm$。工程中对于大管径的铸铁管通常仅用"D"表示,如 DN300 也可写成 $D300$。

3) 铜管

铜管属于有色金属管的一种,分为黄铜管、白铜管、锡青铜管、铍铜管、钨铜管、磷青铜管等,如图 1-3 所示。铜管具有坚固、重量较轻、导热性好、低温强度高、耐腐蚀的特性,常用于生活给水管道和供热、制冷管道,也可用于制氧设备中装配低温管路。由于管材价格较贵,目前一般外资项目、星级酒店等高档建筑的管材才考虑使用铜管。

铜管的连接方式通常采用螺纹连接、焊接连接和法兰连接,以螺纹连接为主。铜管的规格常采用"D 外径×壁厚"表示,如 $D42\times 2$,表示该管道的外径为 $42mm$,壁厚为 $2mm$。

(a) 黄铜管　　　　　　　　(b) 白铜管　　　　　　　　(c) 锡青铜管

图 1-3　铜管

2. 塑料管

塑料管是以合成树脂为原料,添加一些辅助材料(如稳定剂、润滑剂、增塑剂等),在一定温度、压力下塑制成型。塑料是现代经济发展过程中可实现"减量化、再利用、资源化"的重要材料,其加工成型是无污染排放、低消耗、高效率的过程,绝大部分塑料使用后能够被回收再利用,是典型的资源节约、环境友好型材料。

1) 聚丙烯管

聚丙烯管分为 PP-R 管、PP-H 管、PP-B 管三种,如图 1-4 所示。其中 PP-R 管是无规共聚聚丙烯管,其特点是耐腐蚀、不结垢;耐高温、高压;质量轻、安装方便。PP-R 管主要用于建筑室内生活冷、热水供应系统及中央空调水系统。PP-R 管分为冷水管和热水管两种,热水管表面涂刷一条红线,冷水管表面涂刷一条蓝线。管道规格常用"De"或"DN"表示外径,如 De63,表示该管道外径为 63mm。

聚丙烯管常采用热熔连接、电熔连接、螺纹连接和法兰连接。管径 De≤110 时,一般采用热熔连接;管径 De＞110 时,宜采用电熔连接;管道与阀门、水表或设备连接时可采用螺纹或法兰连接。

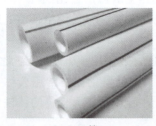

(a) PP-R 管　　　　　　　　(b) PP-H 管　　　　　　　　(c) PP-B 管

图 1-4　聚丙烯管

2) 硬聚氯乙烯管

硬聚氯乙烯(U-PVC)管有较高的化学稳定性,并有一定的机械强度,主要优点是耐腐蚀性能好、重量轻、成型方便、加工容易;缺点是强度较低、耐热性差。U-PVC 管主要用于室内生活污水系统和屋面雨水排水系统。

U-PVC 管一般采用胶粘剂或密封橡胶圈承插连接,与阀门、水表或设备连接时可采用螺纹或法兰连接。常用管径规格为 De50～De200,外形如图 1-5(a)所示。

3) 聚乙烯管

聚乙烯管在生产时一般添加 2%的炭黑以增加管材的抗老化稳定性,具有显著的耐化学性能。其中高密度聚乙烯(HDPE)管比普通聚乙烯管密度大,低温抗冲击性好,冬期施工时不会发生管子脆裂的现象。HDPE 管主要用于市政供水系统、建筑室内外埋地给水系统。

聚乙烯管一般采用热熔连接、电熔连接、承插连接等连接方式,常用管径规格为 De20～De630,外形如图 1-5(b)所示。

(a) U-PVC管

(b) HDPE管

图 1-5　U-PVC 管和 HDPE 管

3. 复合管

复合管是以金属管材为基础,内、外焊接聚乙烯、交联聚乙烯等非金属材料成型,具有金属管材和非金属管材的优点。目前市场较普遍的有钢塑复合管、铝塑复合管等,如图 1-6 所示。

(a) 钢塑复合管

(b) 铝塑复合管

图 1-6　复合管

1) 钢塑复合管

钢塑复合管是由普通镀锌钢管与 HDPE、PP-R 等塑料管复合而成,兼具镀锌钢管变形量小和塑料管耐腐蚀的特点,适用于生活给水系统或消防给水系统。根据生产工艺的不同,钢塑复合管有衬塑管和喷塑管之分,一般建议采用衬塑管。钢塑复合管通常采用螺纹连接,其规格用"DN"表示。

2）铝塑复合管

铝塑复合管是以焊接铝管为中间层，内外层均采用聚乙烯（或交联聚乙烯）管通过黏合剂复合而成。铝塑复合管与金属管材的强度相当，具有电屏蔽和磁屏蔽作用，隔热保温性好，重量轻，寿命长，施工方便，成本低。铝塑复合管广泛应用于民用建筑室内冷热水、空调水、供暖系统及室内煤气、天然气管道系统。铝塑复合管一般采用螺纹连接，其规格一般使用 De 表示。

1.1.2 常用管道连接方式

1. 螺纹连接

螺纹连接是指在管子端部加工成外螺纹，与带有内螺纹的管件拧接在一起。螺纹连接主要适用于 DN≤100mm 的镀锌钢管的连接以及较小管径、较低压力带螺纹的阀门及设备连接等。

微课：认识管道连接方式

2. 法兰连接

法兰连接是将两个管道、管件或器材，先各自固定在一个法兰盘上，两个法兰盘之间加上法兰垫，用螺栓紧固在一起，完成管道连接。法兰连接通常用于经常拆卸的部位以及中、高压管路系统和低压大管径管路系统中。凡是需要经常检修的阀门等附件与管道之间的连接，通常用法兰连接。法兰连接的特点是结合强度高、严密性好、拆卸安装方便，但法兰接口耗用钢材多、工时多、价格贵、成本高。

3. 焊接连接

焊接连接是用电焊和氧乙炔焊将两段管道连接在一起。由于电焊的焊缝强度较高，焊接速度快且经济，所以焊接连接是管道安装工程中应用最为广泛的连接方法。焊接连接的特点是接头紧密、不漏水、不需配件、施工迅速，但无法拆卸。焊接连接常用于 DN＞32mm 的非镀锌钢管、无缝钢管、铜管的连接。

4. 承插连接

承插连接是将管子或管件的插口（小头）插入承口（喇叭口），并在其插接的环形间隙内填以接口材料的连接。接口材料可选择铅、橡胶圈、水泥、浸油麻丝等。承插连接通常用于铸铁管、塑料排水管等。

5. 卡箍连接

卡箍连接是由锁紧螺母和带螺纹管件组成的专用接头而进行管道连接的一种连接形式，广泛应用于塑料管和 DN＞100mm 的镀锌钢管的连接。

6. 热熔连接

热熔连接是采用热熔器将管端部加热至熔融状态，然后将两段管对接成一体。热熔连接常用于 PP-R 等塑料管的连接。

1.1.3 常用管件与附件

1. 管件

管件是管道系统中起连接、转向、变径、分支等作用的零部件的统称。管件种类众多，但一般应采用与管道相同的材料制成。

管件按用途可分为用于连接的管件(如法兰、活接、管箍、卡套等)、改变管道方向的管件(弯头、弯管等)、改变管子管径的管件(变径管、异径弯头等)、增加管路分支的管件(三通、四通等)、用于管路密封的管件(堵头、盲板等)、用于管路固定的管件(拖钩、支架、管卡等);管件按连接方法可分为承插式管件、螺纹管件、法兰管件和焊接管件等;管件按材料可分为金属管件、非金属管件、复合管管件等。常用的管件如图1-7所示。

图1-7 常用的管件

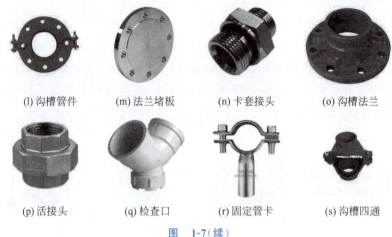

(l) 沟槽管件　　(m) 法兰堵板　　(n) 卡套接头　　(o) 沟槽法兰

(p) 活接头　　(q) 检查口　　(r) 固定管卡　　(s) 沟槽四通

图 1-7（续）

2. 附件

附件是管网系统中起调节水量、水压，控制水流方向和通断水流等作用的各类装置的总称。管道附件分为配水附件和控制附件。

1）配水附件

配水附件一般与卫生器具（受水器）配套安装，用以调节和分配水流量，如图 1-8 所示。

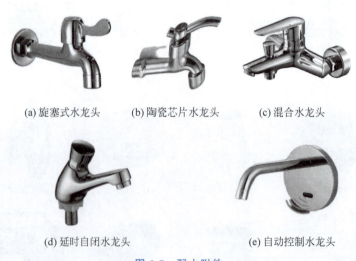

(a) 旋塞式水龙头　　(b) 陶瓷芯片水龙头　　(c) 混合水龙头

(d) 延时自闭水龙头　　(e) 自动控制水龙头

图 1-8　配水附件

（1）旋塞式水龙头。

旋塞式水龙头的手柄旋转 90°即完全开启，可在短时间内获得较大水流，由于启闭迅速，容易产生水击，故一般设置在开水间、浴池、洗衣房等压力不大的给水设备上。

（2）陶瓷芯片水龙头。

陶瓷芯片水龙头采用精密的陶瓷片作为密封材料，由动片与定片组成，通过手柄的水平旋转或上下提压使动片与定片之间发生相对位移,从而启闭水源。该水龙头使用方便,但水流阻力较大。

(3) 混合水龙头。

混合水龙头通过控制冷水与热水流量来调节水温,作用相当于两个水龙头。混合水龙头一般安装在洗脸盆、浴盆等卫生器具上,使用时,手柄上下移动可控制流量,左右偏转可调节水温。

(4) 延时自闭水龙头。

延时自闭水龙头主要用于酒店及商场等公共场所的洗手间,使用时将按钮下压,每次开启持续一定时间后,靠水的压力及弹簧的增压实现自动关闭水流。

(5) 自动控制水龙头。

自动控制水龙头根据光电效应、电容效应、电磁感应等原理自动控制水流的启闭,常用于建筑装饰标准较高的场所内的盥洗、淋浴、饮水等的水流控制。

2) 控制附件

控制附件一般指各种阀门,用以启闭管路、调节水量或水压、关断水流、改变水流方向等。阀门一般由阀体、阀瓣、阀盖、阀杆和手轮等部件组成。常用的阀门有闸阀、截止阀、止回阀、蝶阀、球阀、安全泄压阀、疏水阀、自动水位控制阀等。

(1) 闸阀。

闸阀是指关闭件(闸板)沿通路中心线的垂直方向移动的阀门,如图1-9(a)所示。闸阀在管路中主要起切断作用,多应用于DN50以上或允许水流双向流动的管道系统中。闸阀的优点是对水流阻力小,安装时无方向要求,缺点是外形尺寸较大,安装所需空间较大,关闭不严密。

(2) 截止阀。

截止阀是关闭件(阀瓣)沿阀座中心线移动的阀门,如图1-9(b)所示。截止阀在管路中主要起切断作用,也可调节一定的流量。截止阀一般用于管径不大于50mm或经常启闭的管道。截止阀的优点是关闭严密,缺点是水流阻力大,安装时需要注意安装方向,使水流低进高出,不得装反。

(a) 闸阀　　　　　　　　(b) 截止阀

图1-9　闸阀和截止阀

(3) 止回阀。

止回阀是指依靠介质本身流动而自动开、闭阀瓣的阀门，又称逆止阀、单向阀、逆流阀和背压阀，如图 1-10 所示。止回阀主要用来阻止水流的反向流动，常应用于水泵的出口处，以防止水倒流及水锤现象对泵的损耗。止回阀有升降式和旋启式两种类型，升降式止回阀安装于水平管道上，水头损失较大，适用于小管径管道；旋启式止回阀一般直径较大，水平、垂直管道上均可安装。

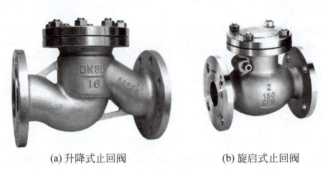

(a) 升降式止回阀　　(b) 旋启式止回阀

图 1-10　止回阀

(4) 蝶阀。

蝶阀为盘状圆板启闭件，通过绕其自身中轴旋转以改变与管道轴线间的夹角，从而控制水流通过，如图 1-11(a) 所示。蝶阀具有结构简单、尺寸紧凑、启闭灵活、开启度指示清楚、水流阻力小等优点。

(5) 球阀。

球阀的启闭件为金属球状物，球体中部有一个圆形孔道，操纵手柄绕垂直于管路的轴线旋转 90°即可全开或全闭，如图 1-11(b) 所示。球阀在管路中主要用来切断、分配和改变介质的流动方向，常用于小管径管道。球阀具有结构简单、体积小、阻力小、密封性好、操作方便、启闭迅速、便于维修等优点；缺点是高温时启闭较困难、水击现象较严重、易磨损。

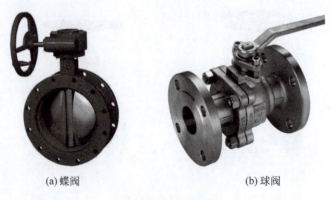

(a) 蝶阀　　(b) 球阀

图 1-11　蝶阀和球阀

（6）安全泄压阀。

安全泄压阀是一种安全保护用阀门，当设备或管道内的介质压力升高，超过规定值时自动开启，向系统外排放介质；当系统压力低于工作压力时，安全阀便自动关闭。安全泄压阀有弹簧式和杠杆式两种，如图1-12所示。

(a) 弹簧式安全泄压阀　　　　　(b) 杠杆式安全泄压阀

图 1-12　安全泄压阀

（7）疏水阀。

疏水阀又称为疏水器，是用于蒸汽加热设备、蒸汽管网和凝结水回收系统的一种阀门。疏水阀能迅速、自动、连续地排除凝结水，有效阻止蒸汽泄漏。疏水阀按照工作原理可分为机械型、热静力型、热动力型三类，如图1-13所示。

(a) 机械型疏水阀　　　　　(b) 热静力型疏水阀　　　　　(c) 热动力型疏水阀

图 1-13　疏水阀

（8）自动水位控制阀。

自动水位控制阀是自动控制水箱、水塔液面高度的水力控制阀。当水面下降到预设值时，浮球阀打开，活塞上腔室压力降低，活塞上下形成压差，在此压差作用下阀瓣打开进行供水；当水位上升到预设高度时，浮球阀关闭，活塞上腔室压力不断增大致使阀瓣关闭停止供水，如此往复自动控制液面在设定高度实现自动供水。自动水位控制阀的公称直径应与进水管管径一致。常见的自动水位控制阀有浮球阀、液压水位控制阀、电磁遥控浮球阀等，如图1-14所示。

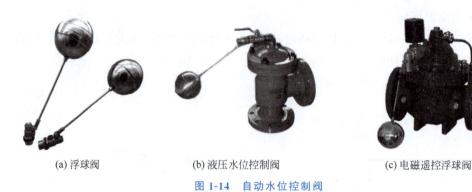

(a) 浮球阀　　　(b) 液压水位控制阀　　　(c) 电磁遥控浮球阀

图 1-14　自动水位控制阀

1.1.4　常用给水设备

1. 水表

水表是安装在建筑给水系统中，用于计量用户累计用水量的仪表。为了节约用水、方便计量收费，住宅建筑每户均安装了分水表。

1) 流速式水表

在建筑给水系统中广泛应用的是流速式水表。流速式水表是根据管径一定时，通过水表的水流速度与流量成正比的原理进行测量。流速式水表主要由外壳、翼轮和减速指示机构组成。水流通过水表时推动翼轮旋转，翼轮轴传动一系列联动齿轮（减速装置）再传递到记录装置，通过计数度盘指针读取流量的累积值。

流速式水表按翼轮构造不同可分为旋翼式水表和螺翼式水表，如图 1-15 所示。旋翼式水表的翼轮转轴与水流方向垂直，水流阻力较大，多为小口径水表，宜用于测量较小的流量。螺翼式水表的翼轮转轴与水流方向平行，水流阻力较小，多为大口径水表，适用于测量较大的流量。当 DN>50mm 时，应采用螺翼式水表。

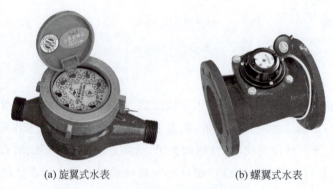

(a) 旋翼式水表　　　(b) 螺翼式水表

图 1-15　流速式水表

流速式水表按其计数机件所处状态又分为干式和湿式两种。干式水表的计数机件用金属圆盘与水隔开，精确度较差，仅适用于水质浑浊的场合。湿式水表的计数机件浸在水中,在计数度盘上装一块厚玻璃,用以承受水压。湿式水表机件简单,计量准确,密封性能好,但只能应用在水中不含杂质的管道上,如果水质浊度较高,杂质对水表会产生磨损、腐蚀,从而降低水表的计量精度,缩短水表的使用寿命。

2)IC卡智能水表

IC卡智能水表是普通水表上附带有IC卡,并通过其控制累计水量(金额)的计量器。安装该种水表后,用户必须先将一定数量的水费充入磁卡,将磁卡插入智能水表中,打开阀门才可供水,如图1-16所示。

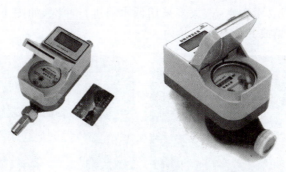

图1-16 IC卡智能水表

2. 水泵

在建筑室内给水系统中,一般采用离心式水泵。离心式水泵按进水方式有水泵直接从室外给水管网抽水和水泵从储水池抽水两种。离心式水泵的工作方式有吸入式和灌入式两种。泵轴高于吸水池水面的为吸入式;吸水池水面高于泵轴的为灌入式。水泵机组一般设置在专门的水泵机房内。

3. 水箱

建筑给水系统中,需要增压、稳压、减压或者需要储存一定的水量时,可设置水箱。水箱由进水管、出水管、溢流管、排水管、水位信号管及通气管等构成。水箱有圆形和矩形两种,可由钢板或钢筋混凝土制成。钢板水箱自重小,容易加工,工程上采用较多,但其内外表面需进行防腐处置,且水箱内表面涂料不应影响水质。钢筋混凝土水箱经久耐用,维护方便,不存在腐蚀问题,但自重较大,当建筑物结构允许时应尽量考虑采用。

1.1.5 常用排水设备

卫生器具是建筑给水排水系统中重要的组成部分,是用来满足日常生活中各种卫生要求、收集和排除生活及生产中产生的污水、废水的设备。

卫生器具按照用途分为以下三类。

(1)便溺用卫生器具:大便器、小便器等。

(2)盥洗、沐浴用卫生器具:洗脸盆、盥洗槽、浴盆、淋浴器等。

(3)洗涤用卫生器具:洗涤盆、化验盆、污水盆等。

卫生器具必须坚固耐用、不透水、耐腐蚀、耐冷热、表面光滑便于清洗。目前制造卫生器具的常用材料有陶瓷、铸铁搪瓷、不锈钢、塑料和水磨石等。

1. 便溺用卫生器具

便溺用卫生器具的主要作用是收集、排除粪便污水,包括大便器和小便器。

1) 大便器

常用的大便器分为坐式大便器、蹲式大便器和大便槽三类。大便器的选用应根据使用对象、设置场所、建筑标准等因素确定,且均应选用节水型大便器。

(1) 坐式大便器。

坐式大便器本身自带存水弯,大多采用低水箱进行冲洗,如图 1-17 所示。坐式大便器多安装在住宅、宾馆或其他高级建筑内。

图 1-17 坐式大便器

(2) 蹲式大便器。

蹲式大便器本身一般不包括存水弯,因此需另外装设。存水弯的水封深度不得小于 50mm,底层采用 S 形存水弯,其余楼层可采用 P 形存水弯。为了装设蹲坑和存水弯,大便器通常装设在地面以上的平台中。蹲式大便器大多采用延时自闭冲洗阀或低水箱进行冲洗,延时自闭冲洗阀可采用脚踏式、手动式、红外线数控式等多种开启方式,可根据不同场合选取,如图 1-18 所示。蹲式大便器多用于集体宿舍、学校、办公楼等公共场所中。

(a) 延时自闭冲洗阀蹲式大便器　　(b) 低水箱蹲式大便器

图 1-18 蹲式大便器

2) 小便器

小便器是用来收集和排除小便的便溺用卫生器具,分为挂式、立式和小便槽三类,如图 1-19 所示。挂式小便器悬挂在墙上,其冲洗设备应采用延时自闭冲洗阀或自动冲洗装置,多设置于住宅建筑中。立式小便器多装设在对卫生设备要求较高的公共建筑内,如展览馆、写字楼、宾馆等男卫生间中,通常为成组装置,成组安装间距一般为 700mm。小便槽常用于工业企业、公共建筑和集体宿舍的男卫生间中,具有建造简单、经济、占地面积小、可供多人同时使用等特点。小便槽可用普通阀门控制的多孔管冲洗,也可采用自动冲洗水箱冲洗。

(a) 挂式小便器

(b) 立式小便器

(c) 小便槽

图 1-19 小便器

2. 盥洗、沐浴用卫生器具

1) 洗脸盆

洗脸盆通常装设在盥洗室、浴室、卫生间和理发室中,供人们洗漱和化妆使用。洗脸盆有长方形、椭圆形、三角形等形状,安装方式有墙架式、台式、立式等,如图 1-20 所示。洗脸盆的盆身后部有安装水龙头用的孔,在孔的下面与给水管道连接,盆的后壁设有溢水孔,盆底部设有排水栓,可用塞头关闭。成组设置的洗脸盆间距一般为 700mm,可以装设一个统一使用的存水弯。

(a) 墙架式洗脸盆

(b) 台式洗脸盆

(c) 立式洗脸盆

图 1-20 洗脸盆

2)盥洗槽

盥洗槽通常装设在集体宿舍、车站候车室、工厂生活间等公共卫生间内,可满足多人同时使用盥洗,如图1-21(a)所示。盥洗槽一般为长条形,槽宽500~600mm,槽长4.2m以内可采用一个排水栓,超过4.2m需设置两个排水栓,盥洗槽水龙头间距不小于700mm,槽下用砖垛支撑。盥洗槽一般为钢筋混凝土现场浇筑而成,水磨石或瓷砖贴面,也有不锈钢、搪瓷、玻璃钢等制品。

3)浴盆

浴盆一般装设在住宅、宾馆、医院等建筑的卫生间及公共浴室内,如图1-21(b)所示。浴盆外观呈长方形、方形、椭圆形,常用陶瓷、铸铁搪瓷制成。浴盆配有冷热水管或混合水龙头,其混合水经混合开关后流入浴盆,混合水龙头管径为20mm。所有浴盆的排水口、溢水口均设在装置龙头的一端,浴盆底有2%的坡度并坡向排水口。

(a)盥洗槽

(b)浴盆

图1-21 盥洗槽、浴盆

4)淋浴器

与浴盆相比,淋浴器具有占地面积小、设备费用低、耗水量小、清洁卫生和可避免疾病传染等优点,故被广泛应用在工厂、学校、机关、部队、集体宿舍的公共浴室中。淋浴器有成品安装,也可使用管件进行现场组装,如图1-22所示。

淋浴器的莲蓬头下缘距地面高度为2.0~2.2m,给水管径为15mm,其冷热水截止阀离地面高度为1.15m,成组安装淋浴头的间距为900~1000mm。淋浴间的地面有0.1%~0.5%的坡度并坡向排水口或排水明沟。

图1-22 淋浴器

3. 洗涤用卫生器具

洗涤用卫生器具是用来洗涤食物、衣物、器皿等物品的卫生器具。常用的洗涤卫生器具有洗涤盆、污水盆、化验盆、洗碗机等。

1）洗涤盆

洗涤盆装设在厨房或公共食堂内，供洗涤碗碟、蔬菜、食物使用，如图1-23所示。根据材质的不同可分为陶瓷洗涤盆、不锈钢洗涤盆、水泥洗涤盆等，其中陶瓷洗涤盆和不锈钢洗涤盆应用最为普遍。洗涤盆可以设置冷、热水龙头或混合水龙头，排水口设置在盆底的一端，口上设有十字栏栅，卫生要求严格时需加装过滤器，为便于储水，备有橡皮或金属制的塞头。

图1-23 洗涤盆

2）污水盆

污水盆装设在公共建筑的厕所、盥洗室内，供打扫厕所、洗涤拖布或倾倒污水使用，如图1-24所示。污水盆的材料为陶瓷或水磨石，安装方式有架空和落地两种，住宅内可采用落地安装，公共卫生间内多采用架空安装。

图1-24 污水盆

任务1.2　建筑给水系统

1.2.1　建筑给水系统的分类

建筑给水系统的任务是将城镇给水管网或自备水源给水管网中的水安全可靠、经济合理地输送到建筑物内部的生活用水设备、生产用水设备和消防用水设备,并满足用水点对水质、水量、水压等方面的要求。建筑给水系统按照其用途可分为生活给水系统、生产给水系统和消防给水系统三类。

1. 生活给水系统

生活给水系统为人们提供日常生活中饮用、烹饪、盥洗、淋浴、洗涤用水,要求水质必须达到国家规定的生活饮用水卫生标准。

2. 生产给水系统

生产给水系统主要用于工业生产过程中所需的生产用水,如冷却用水、锅炉用水等。由于生产工艺过程和生产设备的不同,这类用水的水质要求有较大的差异,有的低于生活用水标准,有的远远高于生活用水的标准。

3. 消防给水系统

消防给水系统为建筑物火灾扑救提供用水,主要包括消火栓系统和自动喷水灭火系统。消防用水对水质要求不高,但必须满足建筑防火规范要求,保证供给足够的水量和水压。

上述三种基本的给水系统均可独立设置,也可根据实际情况合并使用,如生活、生产共用给水系统,生活、消防共用给水系统,生活、生产、消防共用给水系统等。

1.2.2 建筑给水系统的组成

通常情况下,建筑给水系统由引入管、水表节点、管道系统、给水附件、增压和储水设备等部分组成,如图 1-25 所示。

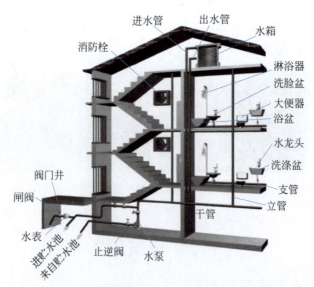

图 1-25 建筑室内给水系统组成示意图

1. 引入管

引入管又称进户管,是指穿越建筑物外墙或基础,由室外供水管引至室内的供水接入管道。引入管作为总进水管,从供水的可靠性和配水平衡等因素考虑,应从建筑物用水量最大处和不允许断水处进行埋地暗敷引入。引入管受地面荷载、冰冻线的影响,一般埋设在室外地坪以下 0.7m。

2. 水表节点

水表节点是指引入管上装设的水表及其前后设置的阀门和泄水装置等的总称。水表用于计量建筑物的总用水量,前后装设的阀门用于检修拆换水表时关闭管路,泄水装置用于检修时排泄室内管道系统中的水。水表节点分为有旁通管和无旁通管两种,对于不允许断水的用户或建筑物只有一条引入管时,一般采用有旁通管的水表节点;对于允许在短时间内停水的用户,可以采用无旁通管的水表节点。水表节点一般安装在水表井中。

3. 管道系统

给水管道系统指为建筑物内部输送和分配用水的管道系统,主要包括给水干管、给水立管、横支管等。

1) 给水干管

给水干管是由引入管至各立管间的水平管段。

2) 给水立管

给水立管又称立管,是将水从给水干管沿垂直方向输送至各楼层、各不同标高处的管段。由给水干管每引出一根给水立管,在出地面后均应装设阀门,以便在对该立管检修时不影响其余立管正常工作。

3) 横支管

横支管又称配水支管,是将水从立管输送到各房间直至各用水点处的管段。

4. 给水附件

给水附件是指进行输配水、调节水量和压力的附属部件和装置。给水附件按用途可以分为配水附件和控制附件,配水附件主要指各式水嘴,控制附件主要指各类阀门,如闸阀、截止阀、止回阀、蝶阀等。

5. 增压和储水设备

当室外给水管网的水量、水压不能满足建筑内部用水要求时,需设置水泵、气压给水装置、水池、水箱等增压和储水设备。增压设备用于提高管内水压,使管内水流到达相应位置,并保证足够的流出水量。储水设备用于储存用水。

1.2.3 建筑给水方式

建筑给水方式是指建筑内部给水系统的供水方案,通常根据建筑物的性质、高度、配水点的布置情况以及室内所需水压、室外管网水压和水量等因素综合决定。

微课:建筑给水方式

1. 直接给水方式

直接给水方式是指室内给水管网通过引入管直接与室外给水管网连接,利用室外给水管网压力直接供水,如图 1-26 所示。

这种给水方式充分利用了室外给水管网的水压,构造简单、投资节省,水质不易被二次污染;但系统内无储水装置,一旦外网停水,室内各用户点也立即断水。该种给水方式适用于室外给水管网提供的水量、水压在任何时候均能满足建筑用水需求的场合。

2. 单设水箱给水方式

单设水箱给水方式是在屋顶设有水箱,当室外管网的水压足够时,可直接向室内管网和室内高位水箱送水,水箱贮备水量;当室外管网的水压不足时,短时间不能满足建筑物高层用水要求时,由水箱供水。

这种给水方式系统简单,投资节省,可充分利用外网水压,但是水箱容易产生二次污染,此外由于增设了高位水箱所以增加了建筑物结构荷载。该种方式适用于当室外给水管网提供的水压只是在用水高峰时段出现不足时,或者建筑内要求水压稳定,并且该建筑具备设置高位水箱的条件。

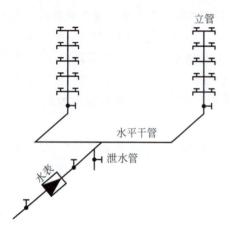

图 1-26 直接给水方式

当外网水压过高,需要减压时,也可采用单设水箱的给水方式。

单设水箱给水方式有以下几种不同的设置方式。

(1) 引入管与外网管道连接,通过立管直接送入屋顶水箱,水箱出水管与布置在水箱下面的横干管相连,水箱进水管、出水管上无止回阀,如图 1-27(a)所示。此种形式的优点是水箱中的水随进随出,水质新鲜,且可保证水压稳定,减轻市政管网高峰负荷;缺点是水箱贮水量必须保证缺水时的最大用水量,否则会造成上、下层同时断水。

(2) 水箱进水、出水合用一根立管,只是在水箱底部才分为两根管,一根管为进水管,

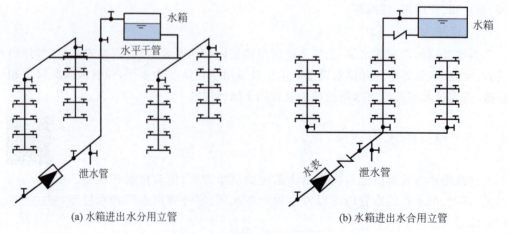

(a) 水箱进出水分用立管　　　　　　　　(b) 水箱进出水合用立管

图 1-27 单设水箱给水方式

另一根为出水管,如图1-27(b)所示。当外网水压较高时,外网既向水箱供水也向用户供水;当外网水压不足时,由水箱补充不足部分。该种形式要求水箱出水管设逆止阀,保证只出不进,防止水从出水管进入水箱,冲起污泥。此外,房屋引入管也要设置逆止阀,以防止外网压力过低时,水箱里的水向户外倒流。此种形式的优点是横干管设在底部,充分利用外网水压,可简化防冻、防漏措施;缺点是水箱水用尽时,用水器具水压会受到外网压力的影响。

3. 单设水泵给水方式

当室外给水管网的水压经常不足时,可采用单设水泵的给水方式。当建筑内用水量较大且均匀时,可采用恒速水泵供水,如图1-28所示。当建筑内部用水不均匀时,宜采用多台水泵联合运行供水,以提高工作效率。

值得注意的是,因水泵直接从室外管网抽水,有可能使外网压力降低,影响外网上其他用户用水,严重时还可能形成外网负压,在管道接口不严密处,其周围的渗水会吸入管内,造成水污染。因此,采用这种方式必须先征得供水部门的同意,并在管道连接处采取必要的防护措施,以防污染。

此种形式中的水泵可以采用恒速泵或者变频调速泵供水。恒速泵供水,泵运行过程中效率恒定不变,通常适用于室外管网压力经常不能满足要求,室内用水量大且均匀的建筑物,多用于生产给水。变频调速泵供水采用变频调速技术,其基本原理是根据电动机转速与工作电源输入频率成正比的关系:$n=60f(1-s)/p$(式中 n、f、s、p 分别表示转速、输入频率、电动机转差率、电动机磁极对数),通过改变电动机工作电源输入频率达到改变电动机转速,从而改变流量运行,减少能源浪费,一般适用于室内用水量大且不均匀的场合。

4. 设水池、水泵、水箱联合给水方式

设水池、水泵、水箱联合给水方式是指在建筑物底部设置储水池和水泵,屋顶设置水箱,将室外给水管网的水引到水池内,水泵从水池吸水,加压送至用户,当水泵的供水量大于室内用水量时,多余的水进入水箱储存;当水泵供水量小于用户用水量时,则由水箱补充供水,以满足室内用水要求。此种给水方式的一种布置形式是水泵直接抽水送至水箱,再由水箱分别给配水点供水,如图1-29所示。

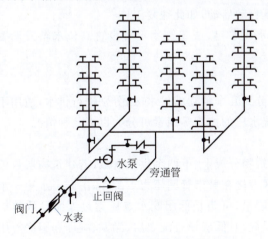

图1-28 单设水泵给水方式

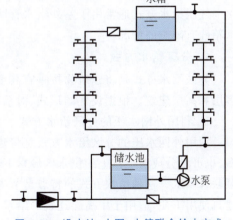

图1-29 设水池、水泵、水箱联合给水方式

这种方式具有供水安全可靠的优点,但系统复杂,投资及运行管理费用较高,维修安装量较大。该方式适用于室外管网压力经常不足且室内用水又很不均匀,水箱充满水后,由水箱供水的场合,一般用于高层建筑物。

5. 气压给水方式

气压给水方式指在给水系统中设置气压给水装置,利用该装置设备的密闭压力水罐内气体的可压缩性进行储存、调节和升压送水,其作用相当于高位水箱或水塔,其位置可根据建筑特点设置在高处或低处,如图 1-30 所示。

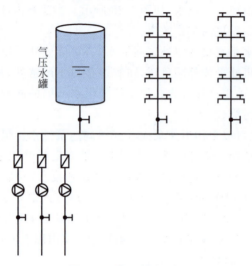

图 1-30　气压给水方式

气压给水的工作过程是:水泵启动时,水泵向室内用户供水,当水泵供水量大于室内用水量时,多余的水进入气压罐,使罐内空气压力升高,当罐内空气压力达到设计最大压力值时,水泵在控制装置控制下自动停泵。当用户用水时,罐内净水在压缩空气作用下向用户供水,随着水量减少,水位下降,罐内空气的体积增大,压力减小,当压力降到设定的最小压力值时,水泵在压力控制装置作用下自动启动,如此往复工作。

气压给水方式通常用于室外给水管网水压不足,或建筑物不宜设置高位水箱或设置水箱确有困难的情况。

6. 分区给水方式

分区给水方式是将建筑物按垂直高度分为几个独立的供水区,分别进行供水,适用于多层和高层建筑。根据设置的形式、对系统水压的控制等因素可分为以下几种情况。

1)利用外网水压的分区给水方式

利用外网水压的分区给水方式是将建筑物分成上、下两个供水区域(若建筑物层数较多,也可以分成两个以上的供水区域),下区直接在城市管网压力下工作,上区由水箱—水泵联合供水。这种给水方式的特点是节省能量,可防止低层配水点压力过大而导致整栋建筑使用不便,适用于中高层建筑的给水系统,对低层设有洗衣房、澡堂、餐厅和厨房等用水量较大的建筑物尤其具有经济意义。

2）设高位水箱的分区给水方式

此种方式一般适用于高层建筑。这种给水方式中的水箱，既具有保证管网中正常压力的作用，还兼有储存、调节、减压的作用。高层建筑生活给水系统的竖向分区，应根据使用要求、设备材料性能、维护管理条件、建筑高度等综合因素合理确定。一般最低卫生器具配水点处的静水压力不宜大于 0.45MPa 且最大不得大于 0.55MPa。

（1）串联水泵、水箱给水方式。

串联水泵、水箱给水方式是水泵分散设置在各区的楼层之中，下一区的水箱兼做上一区的储水池。其优点是设备与管道较简单，投资较少，各区水泵扬程和流量按照本区需要设计，使用效率高，能源消耗少，水泵压力均衡，扬程较小，水锤影响小。其缺点是水泵设在楼层中，对防振、防噪声和防漏水等施工技术要求较高；水泵分散布置导致后期管理维护不便。此外，若下区出现问题，上部各区供水都会受到影响，供水可靠性不高。

（2）并联水泵、水箱给水方式。

并联水泵、水箱给水方式是每一分区分别设置一套独立的水泵和高位水箱，向各区供水。其水泵一般集中设置在建筑的地下室或底层。其优点是各区独立运行，互不影响，某区出现问题，不影响其他分区，安全性较好；水泵集中布置，管理维护方便，运行效率高、能源消耗少；各区水箱容积小，利于结构设计。其缺点是水泵型号、台数较多，管材耗用较多，设备费用偏高，分区水箱占用楼层的使用面积。

3）减压给水方式

建筑物的用水由设置在底层的水泵加压，输送至最高层水箱，再由此水箱依次向下区供水，并通过各区水箱或减压阀减压。

减压给水方式的水泵台数少，设备布置集中，便于管理。减压水箱容积小，如果设减压阀减压，各区可不设减压水箱。设减压水箱的缺点是：总水箱容积大，增加结构荷载，下区供水受上区限制，下区供水压力损失大，能耗大，运行费用较高。

7. 分质给水方式

分质给水方式是根据建筑所需的水质不同，分别设置单独的给水系统。如旅游设施建筑中，有生活用水、直接饮用水、消防用水等。各给水系统要求的水质不同，水源可以是同一市政给水管网，但直接饮用水须处理达到国家直接饮用水标准后，经独立的管网系统输送至各饮水点。一般情况下，消防给水系统与生活水管网系统各自分开设置，避免消防管网或设备中的水因长期未流动而造成生活水管网中的水质被污染。

1.2.4　建筑给水管道的施工工艺

1. 室内给水管道布置形式

室内给水管道按其水平干管在建筑物内敷设的位置，可分为以下三种形式。

1）下行上给式

水平干管布置在底层或地下室顶棚下，水平干管向上接出立管和支管，自下而上供水。民用建筑直接从室外管网供水时，常采用此方式。

2）上行下给式

水平干管布置在顶棚、吊顶内，或设备层、屋面，立管由干管向下分出，自上而下供水。上行下给式适用于屋顶设置水箱的建筑或采用下行上给式存在困难的建筑物。这种方式的缺点是在冬季易发生结露、结冻的情况，干管漏水时会损坏墙面，对室内装修、维修容易造成不便。

3）环状式

水平配水干管或立管互相连接成环，环状式可分水平干管环状和立管环状两种，分别形成水平环状和立管环状。此形式多用于大型公共建筑及不允许断水的场所。当管道出现问题时，可以关闭事故管段阀门而不中断供水，以保证水流畅通。环状式布置方式的特点是水压损失小，水质不易因滞留而变质，但该种形式管网造价较高。

2. 给水管道的安装基本要求

建筑给水排水工程应按照批准的工程设计文件和施工技术标准进行施工。建筑工程所使用的主要材料、成品、半成品、配件、器具和设备必须标明规格、型号，并具有中文质量合格证明文件及性能检测报告，包装完好，主要器具和设备必须有完整的安装使用说明书。

给水管道必须采用与管材相适应的管件。生活给水系统所涉及的材料必须达到饮用水卫生标准；给水铸铁管管道应采用水泥捻口或橡胶圈接口。

给水塑料管和复合管可以采用橡胶圈接口、粘接接口、热熔连接、专用管件连接及法兰连接等形式。塑料管和复合管与金属管件、阀门等的连接应使用专用管件连接，不得在塑料管上套螺纹。

在同一房间内，同类型的卫生器具及管道配件，除有特殊要求外，应安装在同一高度上。明装管道成排安装时，直线部分应互相平行。

各种承压管道系统和设备应做水压试验，非承压管道系统和设备应做灌水试验。

3. 管道敷设方式

建筑给水管道的敷设方式分为明装和暗装两种。

1）明装

建筑给水管道在建筑物内明露敷设。明装管道施工维修方便，造价低，但影响美观，管道表面易积灰、结露等，影响环境卫生。

2）暗装

建筑给水管道敷设在天花板或吊顶中，或在墙体管槽、管道井或管沟内隐蔽敷设。管道暗装卫生条件好，房间整洁、美观，但施工复杂，维修管理不便，工程造价较高。

4. 给水管道的安装流程

建筑给水管道的安装流程为：安装准备→预制加工→引入管的安装→水平干管的安装→立管的安装→横支管的安装→管道试压→管道防腐和保温→管道消毒冲洗。

1）安装准备

认真熟悉图纸，根据设计图纸及技术交底，检查、核对预留孔洞大小尺寸是否正确，将管道坐标、标高位置进行画线定位。

2）预制加工

根据施工图纸对部分管材及管件进行预制，如打口养护。

3）引入管的安装

引入管敷设时，应尽量与建筑物外墙轴线相垂直，保证穿过基础或外墙的管段最短。在穿过建筑物基础时，应预留孔洞或预埋钢套管。预留孔洞的尺寸或钢套管的直径应比引入管直径大100～200mm，引入管管顶距孔洞或套管顶应大于100mm，预留孔与管道间的间隙应用黏土填实，两端用1∶2水泥砂浆封口。

敷设引入管时，其坡度应不小于0.3%，坡向室外。采用直埋敷设时，埋设应符合设计要求，当设计无要求时，其埋深应大于当地冬季冻土深度。

4）水平干管的安装

水平干管的安装标高必须符合设计要求，并与支架固定。当干管布置在不供暖房间，并可能冻结时，应进行保温处理。为便于维修时放空，给水干管宜设0.2%～0.5%的坡度，坡向泄水装置。

5）立管的安装

为便于检修时不影响其他立管的正常供水，每根立管的始端应安装阀门，阀门后面应安装可拆卸件，立管应用关卡固定。

6）横支管的安装

横支管的始端应安装阀门，阀门后还应安装可拆卸件。横支管还应设有0.2%～0.5%的坡度，坡向立管或配水点，支管应用托钩或关卡固定。

7）管道试压

建筑给水管道的水压试验必须符合设计要求。当设计未注明时，各种管材的试验压力均为工作压力的1.5倍，但不得小于0.6MPa。检验方法是金属管道及复合管道在试验压力下观察10min，压力降不应大于0.02MPa，然后降到工作压力进行检查，以不渗、不漏为合格。塑料给水管道在试验压力下稳定1h，压力降不得超过0.05MPa，然后在工作压力的1.15倍工作压力下稳定2h，压力降不得超过0.03MPa，同时检查各连接处，均不得渗漏。

8）管道防腐和保温

室内直埋给水金属管道（塑料管和复合管除外）应做防腐处理，埋地管道防腐层材质和结构应符合设计要求。埋地金属管道防腐的主要措施是涂沥青涂层和包玻璃布，做法通常有一般防腐、加强防腐和特加强防腐，见表1-1。

表1-1 管道防腐种类

防腐层层次（从金属表面起）	正常防腐层	加强防腐层	特加强防腐层
1	冷底子油	冷底子油	冷底子油
2	沥青涂层	沥青涂层	沥青涂层
3	外包保护层	加强包扎层（封闭层）	加强包扎层（封闭层）
4		沥青涂层	沥青涂层
5		外包保护层	加强包扎层（封闭层）

续表

防腐层层次 （从金属表面起）	正常防腐层	加强防腐层	特加强防腐层
6			沥青涂层
7			外包保护层
防腐层厚度不小于/mm	3	6	9
厚度允许偏差/mm	−0.3	−0.5	−0.5

地下室给水管表面在夏季易产生冷凝水，为从根本上杜绝冷凝水的产生，地下室给水管需做保温处理。

9）管道消毒冲洗

生活给水管道在交付使用前必须消毒和冲洗，并经有关部门取样检验，应符合《生活饮用水卫生标准》(GB 5749—2006)的规定。

5. 给水管道安装注意事项

给水管道在安装过程中应注意以下事项。

（1）管道穿过地下构筑物外墙、水池壁及屋面时，应采取防水措施。对防水要求严格的建筑物，必须采用柔性防水套管。采用刚性防水套管还是柔性防水套管，应在设计时决定。刚性防水套管适用于有一般防水要求的构筑物；柔性防水套管适用于管道穿过墙壁处有受震动或有严密防水要求的构筑物。

（2）给水管道不宜穿过伸缩缝、沉降缝和防震缝，必须穿过时，应采取措施。常用的措施包括螺纹弯头法、软管接头法、活动支架法。

（3）给水管道穿过楼板或墙壁时，应预埋套管。当穿过楼板时，套管顶部应该高出装修完成面20mm，安装在卫生间及厨房内的套管，其顶部应高出装修完成面50mm，底部应与楼板底面相平。穿过楼板的套管与管道之间的间隙应用阻燃密实材料和防水油膏填实，端面光滑。安装在墙壁内的套管其两端应与饰面相平。穿墙套管与管道之间缝隙应用阻燃密实材料和防水油膏填实，且端面光滑，管道的接口不得设在套管内。

（4）冷、热水管道上、下平行安装时，热水管应在冷水管上方；垂直平行安装时，热水管应在冷水管左侧。

（5）给水支管和装有3个或3个以上配水点的支管始端，均应安装可拆卸的连接件。

（6）管道支架、吊架、托架安装位置应正确，平整牢固，与管道接触紧密。

1.2.5　阀门、水表安装工艺

1. 阀门安装

阀门安装前，应做强度和严密性试验。试验应在每批（同牌号、同型号、同规格）数量中抽查10%且不少于1个。对于安装在主干管上起切断作用的闭路阀门，应逐个做强度试验和严密性试验。

阀门的强度试验要求阀门在开启状态下进行，检查阀门外表面的渗漏情况。阀门的严密性试验要求阀门在关闭状态下进行，检查阀门密封面是否渗漏。

阀门的强度试验和严密性试验应符合以下规定：阀门的强度试验压力为公称压力的 1.5 倍；严密性试验压力为公称压力的 1.1 倍；试验压力在试验持续时间内应保持不变，且壳体填料及阀瓣密封面无渗漏。阀门试压的试验持续时间不应少于表 1-2 的规定。

表 1-2　阀门试验持续时间

公称直径 DN/mm	最短试验持续时间/s		
	严密性试验		强度试验
	金属密封	非金属密封	
≤50	15	15	15
65～200	30	15	60
250～450	60	30	180

2. 水表安装

水表应安装在便于检修，不受暴晒、污染和冻结的地方。安装螺翼式水表时，表前与阀门之间应有不小于 8 倍水表接口直径的直线管段。表外壳距墙表面净距为 10～30mm；水表进水口中心标高按设计要求设置，允许偏差为 ±10mm。水表前后和旁通管上均应装设检修阀门，水表与水表后阀门间应装设泄水装置。为减少水头损失并保证表前管内水流的直线流动，表前检修阀门宜采用闸阀。住宅中的分户水表，可不设表后检修阀及专用泄水装置。

任务 1.3　建筑排水系统

1.3.1　建筑排水系统的分类

建筑排水系统将建筑物内卫生器具、生产设备等产生的污水，以及屋面上的雨、雪水收集后排出室外。

微课：认识中水

建筑排水系统按照水介质的不同，可分为生活排水系统、工业废水排水系统、屋面雨水排水系统。

1. 生活排水系统

生活排水系统用于排除民用住宅建筑、公共建筑等的生活污水和生活废水。生活污水又称为黑水，即粪便污水，其杂质含量高，难以处理。生活废水又称为灰水，即盥洗、沐浴、洗涤以及空调凝结水等，经过简单工艺处理后，可用于冲洗厕所、浇洒绿地和道路等。中水系统即是将各类建筑或住宅小区使用后的生活废水和雨水进行收集、处理再二次利用的系统。

2. 工业废水排水系统

工业废水排水系统用于排除工业生产过程中产生的工业废水。工业废水根据受污染的程度，可分为生产废水和生产污水两类。生产污水是指受污染严重的工业废水，通常含有对人体、环境有害的化学物质，需经过严格处理达标后才能排放。

3. 屋面雨水排水系统

屋面雨水排水系统用于排除降落在屋面的雨、雪水,一般应单独设置。屋面雨水排水系统较为简单,可以直接排入自然水体或城市雨水系统。

在上述 3 类排水系统中,排水体制又分为分流制和合流制两种。分流制是指针对各类污水、废水水质分别设置单独的管道系统进行输送和排放;合流制是在同一排水管道系统中输送和排放两种或两种以上的污水和废水。

1.3.2 建筑排水系统的组成

建筑排水系统由卫生器具、排水管道、排水附件、提升设备和污水局部处理构筑物等组成。

1. 卫生器具

卫生器具是排水系统的起点,用来收集污水和废水,包括便溺用的卫生器具,盥洗、沐浴用的卫生器具以及洗涤用的卫生器具。

2. 排水管道

排水管道包括器具排水管、排水横支管、排水立管、排出管和通气管。

1) 器具排水管

器具排水管是连接卫生器具和排水横支管之间的短管。

2) 排水横支管

排水横支管是汇集各器具排水管的来水,并进行水平方向输送,将水排至立管的管道。排水横支管应有一定的坡度,坡向立管。

3) 排水立管

排水立管收集各排水横支管的来水,并从垂直方向将水排至排出管。

4) 排出管

排出管是收集排水立管的污水和废水,沿水平方向将水排至室外排水检查井的管段,又称出户管。

5) 通气管

当采用卫生器具排水时,通气管向排水管道内补给空气,使管道内部气压平衡,防止卫生器具水封破坏,保证水流畅通,同时将管道内的有毒、有害气体排入大气中。

对于楼层不高、卫生器具不多的建筑物,可将排水立管上端延伸出屋顶,这一段称为伸顶通气管。对于楼层较高、卫生器具较多的建筑物,需将排水管与通气管分开,设专用通气管或特殊的单立管排水系统。

3. 排水附件

排水附件包括存水弯、地漏、清通设备等。

1) 存水弯

存水弯是利用一定高度的静水压力来抵抗排水管内气压变化,防止管内气体进入室内的措施。存水弯分为 P 形存水弯、S 形存水弯、U 形存水弯三种,其优缺点及适用条件见表 1-3。

表 1-3 存水弯的优缺点及适用条件

名称		示意图	优缺点	适用条件
管式存水弯	P形		(1) 体形小,节约空间 (2) 排污性能好 (3) 在存水弯上设置通气管,是理想、安全的存水弯装置	适用于所接排水横支管标高较高的场合
	S形		(1) 体形小,节约空间 (2) 排污性能好 (3) 冲水时容易出现虹吸现象,从而破坏水封	适用于所接排水横支管标高较低的场合
	U形		(1) 会阻碍横支管的水流 (2) 排水较慢,脏污容易停留,容易引起堵塞,一般在U形两侧设置清扫口	适用于水平横支管

2）地漏

地漏是一种特殊的排水装置,用于排除地面的积水,淋浴间、盥洗室、卫生间及其他需要经常从地面排水的房间均应设置地漏。地漏的主要材质有铜、不锈钢、铝、锌合金、PVC 工程塑料等,形状分为方形和圆形,如图 1-31 所示。地漏应设置在易溅水的卫生器具附近地面的最低处,地漏顶面标高应低于地面 5~10mm,带有水封的地漏,其水封深度不得小于 50mm,严禁采用活动机械活瓣替代水封,严禁采用钟式结构地漏。

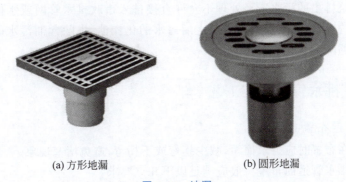

(a) 方形地漏　　　　　　　(b) 圆形地漏

图 1-31　地漏

3）清通设备

清通设备的作用是疏通建筑内部排水管道,保障排水通畅。主要包括检查口、清扫口和检查井,如图 1-32 所示。

（1）检查口。

检查口是带有可开启检查盖的配件,装设在排水立管及较长水平管段上,可作检查和双向清通管道之用。

| (a) 检查口 | (b) 清扫口 | (c) 检查井 |

图 1-32　清通设备

(2) 清扫口。

清扫口一般装在排水横支管上,用于清扫排水横支管的附件。清扫口设置在楼板或地坪上,且应与地面相平,也可用带清扫口的弯头配件或在排水管起点设置堵头代替清扫口。

(3) 检查井。

检查井是小区排水管道系统的附属构筑物,通常采用砖砌筑而成。检查井的作用是便于检查和清通管道,同时又可起到连接管沟的作用。检查井一般设置在管线改变方向、坡度、高程及管沟交汇处。对于较长的直线管沟,应按要求每隔一定距离设置检查井,检查井中心至建筑物外墙的距离不宜小于 3.0m。

4. 提升设备和污水局部处理构筑物

当建筑物的地下室、人防建筑等地下建筑物内的污水和废水不能自流排到室外管网时,应设置集水池和污水泵等局部抽升设备,将污水提升后排放至室外排水管道中。

当个别建筑排出的污水未经处理不允许直接排入市政排水管网或水体时,则须设置污水局部处理构筑物,如处理民用建筑生活污水的化粪池、去除含油污水的隔油池、降低高温污水温度的降温池等。

1.3.3　建筑排水管道安装工艺

1. 排水管道布置的原则

排水管道在布置时应力求简短,减少拐弯或不拐弯,避免堵塞现象。

建筑室内排水管道的布置一般应满足以下几点要求。

(1) 排水立管应设置在最脏、杂质最多及排水量最大的排水点处。

(2) 卫生器具至排出管的距离应最短、管道转弯应最少。

(3) 排水管道不得布置在遇水会引起爆炸、燃烧或损坏的原料、产品和设备的附近。

(4) 排水管道不穿越卧室、客厅,不穿越食品或贵重物品储藏室、变电室、配电室,不穿越烟道,不穿越生活饮用水池、炉灶上方。

(5) 排水管道不宜穿越容易引起自身损坏的地方,如建筑沉降缝、伸缩缝、变形缝、烟道、风道,重载地段和重型设备基础下方、冰冻地段。

(6) 排水塑料管应避免布置在易受机械撞击处,如不能避免,应采取保护措施;同时应避免布置在热源附近。

(7) 排水塑料管穿越楼层、防火墙、管道井井壁时,应根据建筑物性质、管径和设置条件,以及穿越部件防火等级等要求,设置阻火装置。

2. 排水管道的安装流程

排水管道的安装流程如下：安装准备→预制加工→排出管安装→排水立管安装→通气管安装→通球试验→排水横支管安装→灌水试验→封堵洞口→刷油防腐。

1) 安装准备

认真熟悉图纸,根据设计图纸及技术交底,检查、核对预留孔洞大小尺寸是否正确,将管道坐标、标高位置进行画线定位。

2) 预制加工

根据施工图纸对部分管材及管件进行预制,如打口养护。

3) 排出管安装

排出管应按设计或规范要求设置坡度,排出管与立管用两个45°的弯头加直管段连接,并与室外排水管道相连伸至室外第一个检查井。排出管穿基础应预留孔洞,管顶净空一般不小于0.1m(不得小于建筑物的沉降量)。高层建筑排出管穿地下室外墙或地下构筑物时,必须采取严格的防水措施。

4) 排水立管安装

安装排水立管须两人配合,将预制好的管段上部拴牢,上拉下托、找正、临时卡牢,然后进行接口。立管上检查口应按设计要求设置,安装高度为中心距地面1m±20mm,朝向应便于检修,安装立管的检查口处应安装检修门。立管安装完毕后,再设型钢支架,配合土建进行填堵立管洞。

5) 通气管安装

立管上部通气管需高出屋面300mm,注意必须大于最大积雪厚度。在通气管出口4m以内有门、窗时,通气管应高出门、窗顶600mm或引向无门、窗一侧。在经常有人停留的平屋顶上,通气管应高出屋面2m,并应根据防雷要求设置防雷装置。

6) 通球试验

为检验管道是否畅通,排水主立管及水平干管均应做通球试验。通球球径不小于排水管道管径的2/3,通球率须达到100%为合格。通球时,为了防止球滞留在管道内,用线贯穿并系牢(线长略大于立管总高度),然后将球从伸出屋面的通气口向下投入,看球能否顺利通过主管并从出户弯头处溜出,如能顺利通过,说明主管无堵塞。如果通球受阻,可拉出通球,测量线的放出长度,则可判断受阻部位,然后进行疏通处理,反复做通球试验,直至管道通畅为止。

7) 排水横支管安装

排水横支管按设计或规范规定坡度、支吊架间距施工,吊钩或卡箍固定在承重结构上,按要求合理设置清扫口。在连接两个及以上的大便器或三个及以上的卫生器具的污水横支管上应设置清扫口。清扫口可根据实际情况设在上一层楼地面上或在污水管起点设置堵头代替清扫口。

8）灌水试验

隐蔽或埋地的排水管道在隐蔽前必须做灌水试验，其灌水高度不应低于底层卫生器具的上边缘或底层地面高度。

9）封堵洞口

排水管道安装完毕且试验合格后，应及时对管道穿基础、楼板、墙体处的孔洞进行封堵。排水管道穿楼板处，应配合土建进行支模，并应采用不低于楼板混凝土强度等级的细石混凝土分层捣实。

10）刷油防腐

排水管道的防腐做法可参考给水管道，此处不再赘述。

此外，排水系统若采用塑料排水管，还应按设计要求合理设置、安装伸缩节，并注意大小头、顺水三通、顺水四通等管件的安装方向。

1.3.4　卫生器具安装工艺

卫生器具的安装是在管道安装完毕，室内装修基本完工后进行的。安装前应熟悉施工图纸，并参照国家颁发的标准图集《卫生设备安装》（09S304）施工。

卫生器具的安装工艺流程如下：安装准备→卫生器具及配件检验→卫生器具安装→卫生器具及配件安装→卫生器具稳装→卫生器具与墙地缝处理→卫生器具外观检查→通水试验。

卫生器具安装过程中应满足准确、美观、稳固、严密、使用方便、可拆卸等基本技术要求，同一房间成排的卫生器具应同高。安装卫生器具时，不能由于施工而使建筑物的结构强度受到影响，也不应由于卫生器具的使用而使建筑质量下降。卫生器具在安装过程中及安装完成后，都应注意成品的保护，尤其是陶瓷制品的卫生器具。

任务 1.4　建筑给排水系统施工图的识读

1.4.1　建筑给排水系统施工图的组成与内容

工程施工图是用来表达和交流工程技术思想的重要工具，是工程的"语言"，设计人员用它表达设计意图，施工人员依据它进行预制和安装，预算人员则根据它计算工程量，进行工程估价和确定工程造价。

建筑给排水系统施工图主要由图纸目录、设计施工说明、设备材料表与图例、平面图、系统图、详图等构成。

1. 图纸目录

图纸目录是将全部施工图样进行分类编号，并填入图样目录表格中，通常作为施工图的首页。图纸目录包括设计人员绘制的图纸部分和选用的标准图部分。根据图纸目录可以快速查阅所需图纸对应的页码。

2. 设计施工说明

设计图纸中用图或符号无法表达清楚的问题，或有些内容用文字能够简单明了表达的问题，可使用文字加以说明。

设计施工说明是图纸的重要组成部分，主要内容包括工程概况、设计依据、设计范围及技术指标等。通过阅读设计施工说明，工程从业人员可以快速了解到给排水系统采用的管材、管件及连接方法，给水设备和消防设备的类型及安装方式，管道的防腐、保温方法，系统的试压要求，供水方式的选用等关键技术要点。

3. 设备材料表与图例

设备材料表中列出了本套图纸中用到的主要设备的型号、规格、数量及性能要求等，以供施工备料时进行参考。

对于重要工程，为了使施工准备的材料和设备符合图纸的要求，并且便于备料，设计人员应编制一个主要设备、材料明细表，包括主要设备和材料的序号、名称、型号规格、单位、数量和备注等项目。此外，施工图中涉及的其他设备、管材、阀门和仪表等也应列入表中。对于一些不影响工程进度和质量的零星材料可不列入表中。一般中小型工程的文字部分直接写在图纸上，工程较大、内容较多时另附专页编写，并放在一套图纸的首页。

图例用于表达给排水系统施工图中所使用的各类图形表示符号的含义。

4. 平面图

平面图是建筑给排水系统施工图的基本图示部分，它主要反映卫生器具、给排水管道和附件等在建筑物内的平面布置情况。通常情况下，建筑的给水系统、排水系统不是很复杂，将给水管道、排水管道绘制在一张图上，称为给水排水平面图。

平面图所表达的主要内容如下。

（1）表明建筑的平面轮廓、房间布置等情况，标注轴线及房间的主要尺寸。为了节省图纸幅面，常常只画出与给排水管道相关部分的建筑局部平面。

（2）用水设备、卫生器具的平面布置、类型和安装方式。

（3）建筑物各层给排水干管、立管、支管的位置。首层平面图需绘制出给水引入管、污水排出管的位置。标注主要管道的定位尺寸及管径等，按规定对引入管、排出管和立管编号。对于安装在下层空间而为本层使用的管道，应绘制在本层平面上。

（4）水表、阀门、水龙头、清扫口、地漏等管道附件的类型和位置。

5. 系统图

系统图又称轴测图，按45°正面斜轴测投影法绘制，用于表达管道及设备的空间位置关系，可反映整个系统的全貌。给水系统图、排水系统图通常应分别绘制。

系统图所表达的主要内容如下。

（1）自引入管，经室内给水管道系统至用水设备的空间走向和布置情况。

（2）自卫生器具，经室内排水管道系统至排出管的空间走向和布置情况。

（3）管道的管径、标高、坡度、坡向及系统编号和立管编号。

（4）各种设备（包括水泵、水箱等）的接管情况、设置位置和标高、连接方式及规格。

（5）管道附件的种类、位置、标高。

(6)排水系统通气管设置方式、与排水立管之间的连接方式、伸顶通气管上通气帽的设置及标高等。

在部分施工图中,设计人员对于多层或高层建筑会绘制标准层的情况,有若干层或若干根横支管(或立管)的管路、设备布置完全相同时,系统图中只画出相同类型中的一根支管(或立管),其余省略,并采用文字、字母或符号将其一一对应表示。

6. 详图

当某些设备的构造或管道之间的连接情况在平面图或系统图上表示不清楚又无法用文字说明时,将这些部位进行放大的图称作详图。详图表示某些给排水设备及管道节点的详细构造及安装要求。有些详图可直接查阅标准图集或室内给排水设计手册等资料。

1.4.2 建筑给排水系统施工图的一般规定

1. 图线与比例

微课:建筑给排水系统施工图识读的基础知识

建筑给排水施工图的线宽 b 应根据图纸的类别、比例和复杂程度确定。按《房屋建筑制图统一标准》(GB/T 50001—2017)中第 4.0.1 条的规定选用,一般线宽 b 宜为 0.7mm 或 1.0mm。

常用的各种线型宽度宜符合表 1-4 的规定。

表 1-4 常用的各种线型宽度

名 称	宽 度	意 义
粗实线	b	新建各种排水和其他重力流管线
中实线	$0.5b$	表示给排水设备、构件的可见轮廓线;原有各种给水和其他压力流管线
粗虚线	b	表示新建各种给排水和其他重力流管线的不可见轮廓线
中虚线	$0.5b$	表示设备、构件的不可见轮廓线

给排水工程制图常用的比例宜符合表 1-5 的规定。

表 1-5 给排水工程制图常用的比例

名 称	比 例
区域规划图、区域位置图	1:50000、1:25000、1:10000、1:5000、1:2000
总平面图	1:1000、1:500、1:300
管道纵断面图	纵向:1:200、1:100、1:50;横向:1:1000、1:500、1:300
水处理厂(站)平面图	1:500、1:200、1:100
水处理构筑物,设备间,卫生间,泵房平、剖面图	1:100、1:50、1:40、1:30
建筑给排水平面图	1:200、1:150、1:100
建筑给排水轴测图	1:150、1:100、1:50
详图	1:50、1:30、1:20、1:10、1:5、1:2、1:1、2:1

2. 标高与管径

1) 标高

标高用来表示管道的高度,以 m 为单位,一般应注写到小数点后第三位。标高分为相对标高和绝对标高两种表示方法。相对标高一般以建筑物的底层室内地面高度为±0.000,室内工程应标注相对标高。绝对标高是以青岛附近黄海的平均海平面作为标高的零点,所计算的标高称为绝对标高。室外工程应标注绝对标高,当无绝对标高资料时,可标注相对标高,但应与总平面图一致。

压力管道应标注中心线标高,沟渠和重力流管道宜标注沟(管)内底标高。

下列部位应标注标高:沟渠和重力流管道的起讫点、转角点、连接点、变坡点、变尺寸(管径)点及交叉点;压力流管道中的标高控制点;管道穿外墙、剪力墙和构筑物的壁及底板等处;不同水位线处;构筑物和土建部分的相关标高。管道标高在平面图和轴测图中的标注如图 1-33 所示。

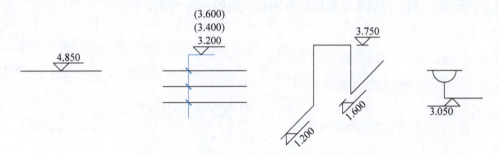

图 1-33 管道标高在平面图和轴测图中的标注

2) 管径

给排水管道的管径尺寸应以 mm 为单位。管径通常标注在该管段旁,如位置不够时,也可用引出线引出标注。由于管道长度是在安装时根据设备间的距离直接测量截割的,所以在图中不必标注管长。

管径的表达方式应符合下列规定。

(1) 水和煤气输送钢管(镀锌或非镀锌)、铸铁管等管材,管径宜以公称直径 DN 表示(如 DN15、DN50)。

(2) 无缝钢管、焊接钢管(直缝或螺旋缝)、铜管、不锈钢管等管材,管径宜以 D 外径×壁厚表示(如 $D108×4$、$D159×4.5$ 等)。

(3) 钢筋混凝土(或混凝土)管、陶土管、耐酸陶瓷管、缸瓦管等管材,管径宜以内径 d 表示(如 $d230$、$d380$ 等)。

(4) 塑料管材管径宜按产品标准的方法表示。

(5) 当设计均用公称直径 DN 表示管径时,应有公称直径 DN 与相应产品规格对照表。

管径的标注方法如图 1-34 所示。

3. 系统与立管编号

管道应按系统进行标记和编号,给水系统一般以每一条引入管为一个系统,排水管以

图 1-34　管径的标注方法

每一条排出管为一个系统,当建筑物的给水引入管或排水排出管的数量超过 1 根时,宜进行分类编号,编号方法是在直径 12mm 的圆圈内过圆心画一条水平线,水平线上用汉语拼音字母表示管道类别,水平线下用阿拉伯数字编号,如图 1-35 所示。

建筑物内穿越楼层的立管,其数量超过 1 根时宜进行分类编号。平面图上立管一般用小圆圈表示,如 1 号给水立管标记为 WL-1,如图 1-36 所示。

图 1-35　系统编号表示方法　　　　图 1-36　立管编号表示方法

给排水系统常用图例

4. 常用图例

建筑给排水图纸中的管道、卫生器具、设备等均按照《建筑给水排水制图标准》(GB/T 50106—2010)使用统一的图例来表示。在《建筑给水排水制图标准》(GB/T 50106—2010)中列出了管道、管道附件、管道连接、管件、阀门、给水配件、消防设施、卫生设备及水池、小型给排水构筑物、给排水设备、仪表等共 11 类图例。二维码中列出了一些常用给排水图例供参考。

1.4.3　建筑给排水系统施工图的识读方法

建筑给排水系统施工图的最大特点是管道首尾相连,来龙去脉清楚,从给水引入管到各用水点,从污水收集器到污水排出管,给排水管道既不突然断开消失,也不突然产生,具有十分清楚的连贯性。因此,读者可以按照从水的引入到污水的排出这条主线,循序渐进逐一厘清给排水管道以及与之相连的给排水设施。

一张图纸中可能包含给水、排水等多个分部工程,应以其中一个分部工程为单元,分别逐一识读。每一分部工程中有时又分为几个独立的系统,可以通过进出口数量进行区分，如 J1、J2 给水系统；W1、W2 排水系统。在识图过程中，应注意分清系统分别识读，系统与系统之间均不可混读。

在识读一套建筑给排水系统施工图时，可以按照以下步骤进行。

（1）查看图纸目录和设计施工说明。通过图纸目录了解工程名称、项目内容、设计日期、工程全部图纸数量、图纸编号等基本信息。通过设计施工说明对工程概况和施工要求有一定的了解，如给排水管道材质、连接方式、管道试验要求等。

（2）查看平面图。通过识读平面图查明给排水出入口、干管、立管的平面位置，卫生器具、给排水设备、消防设备的类型、数量、安装位置、定位尺寸等技术信息。

（3）查看系统图。识读系统图时必须将每一个系统图与各层平面图反复对照、反复识读，才能读懂图纸中表达的内容。

（4）查看详图。根据读图需求，查看某些设备或管道节点的详细构造与安装要求的大样图。

【任务思考】

项目案例实施

请结合"项目知识引领"的相关内容,完成"项目案例导入"的工作任务分解,并记录在表 1-6 工作任务记录表中。

表 1-6　工作任务记录表

班　级		姓　名		日　期	
案例名称	××市××住宅项目建筑给排水系统施工图的识读				
学习要求	1. 掌握建筑给排水系统施工图识读方法 2. 能结合工程项目图纸提取建筑给排水系统施工图中的专业信息				
相关知识要点	1. 建筑给排水系统施工图表达的内容 2. 建筑给排水系统施工图的特点 3. 建筑给排水系统施工图识读顺序				
一、识读理论知识记录					
二、识读实践过程记录					
评价	自评(30%)	互评(40%)	师评(30%)	总成绩	
成绩					
评价人					

项目技能提升

一、选择题

1. 排水主立管及水平干管管道均应做（　　）。
   A. 灌水试验　　B. 水压试验　　C. 通水试验　　D. 通球试验
2. 标高应以 m 为单位，一般应注写到小数点后第（　　）位。
   A. 一　　B. 二　　C. 三　　D. 四
3. 目前常用排水塑料管的管材一般是（　　）。
   A. 聚丙烯　　B. 硬聚氯乙烯　　C. 聚乙烯　　D. 聚丁烯
4. 在经常有人停留的平屋顶上，通气管应高出屋面（　　）m，并应根据防雷要求设置防雷装置。
   A. 2　　B. 3　　C. 0.3　　D. 0.6
5. 当排水横支管悬吊在楼板下，接有 4 个大便器，顶端应设（　　）。
   A. 清扫口　　B. 检查口　　C. 检查井　　D. 窨井
6. 镀锌钢管规格有 DN15、DN20 等，DN 表示（　　）。
   A. 内径　　B. 公称直径　　C. 外径　　D. 其他
7. 室外给水管网水量、水压都满足时，应采用（　　）方式。
   A. 直接给水　　B. 单设水箱给水
   C. 贮水池、水泵和水箱联合给水　　D. 气压给水
8. 为防止管道水倒流，需在管道上安装的阀门是（　　）。
   A. 止回阀　　B. 截止阀　　C. 蝶阀　　D. 闸阀
9. 在排水系统中，需要设置清通设备，（　　）是清通设备。
   A. 地漏　　B. 存水弯　　C. 通气管　　D. 检查口
10. 冷、热水管垂直安装时，冷水管安装在热水管的（　　）。
    A. 左侧　　B. 上方　　C. 右侧　　D. 下方

二、填空题

1. 管道的连接方式有_____。
2. 与卫生器具相连时，除坐式大便器和_____外均应设置存水弯。
3. 室内给水管网的布置方式包括_____、_____、_____。
4. 给水管道系统包括_____、_____、_____、_____等。
5. 建筑给水系统按用途可分为_____、_____和_____三类。
6. 截止阀的优点是关闭严密，缺点是水阻力大，安装时需注意安装方向，使水流_____，不得装反。
7. 对于安装在主干管上起切断作用的闭路阀门，应逐个做_____和_____。
8. 每根立管的始端应安装_____，以便维修时不影响其他立管供水。
9. 给水附件按用途可以分为_____和_____。
10. 阀门的强度试验压力为公称压力的_____倍；严密性试验压力为公称压力的_____倍。

三、简答题

1. 建筑给水系统由哪些部分组成？

2. 建筑排水系统由哪些部分组成？

3. 建筑排水系统中通气管系统的作用是什么？

4. 哪些管道需要进行灌水试验？

5. 室内给排水施工图的组成有哪些？

项目评价总结

请结合本项目的学习过程以及技能提升训练情况,完成项目学习评价,并自主从项目的知识重难点、技能核心点、自我感受等方面对本项目进行梳理总结,并记录在表1-7项目评价总结表中。

表1-7 项目评价总结表

序号	评价任务	评价标准	满分	自评	互评	师评	综合评价
1	建筑给排水基础知识	(1) 能够正确区分常用管道管材及对应的连接方式	3				
		(2) 掌握常用管件与附件的分类与作用	4				
		(3) 能够正确认识常用给水、排水设备	3				
2	建筑给水系统	(1) 能够正确描述建筑给水系统的分类	5				
		(2) 掌握建筑给水系统的组成	6				
		(3) 能够正确区分建筑给水方式的优缺点、适用场合	5				
		(4) 能够正确描述建筑给水管道的施工工艺、阀门、水表的安装工艺	4				
3	建筑排水系统	(1) 掌握建筑排水系统的分类	5				
		(2) 掌握建筑排水系统的组成	6				
		(3) 掌握建筑排水管道的施工工艺、卫生器具的安装工艺	4				
4	建筑给排水系统施工图的识读	(1) 能够正确识记建筑给排水系统施工图的组成与内容	10				
		(2) 掌握建筑给排水系统施工图中的图线与比例、标高与管径、系统与立管编号、常用图例	15				
		(3) 掌握建筑给排水系统施工图的识读方法	10				

续表

序号	评价任务	评价标准	满分	评价			综合评价
				自评	互评	师评	
5	动态过程评价	(1)严格遵守课堂学习纪律	5				
		(2)正确按照学习顺序记录学习要点,按时提交学习成果	5				
		(3)积极参与学习活动,例如课堂讨论、课堂分享展示、课后自主探究	10				
自我梳理总结							

项目 2　建筑消防灭火系统

项目学习导图

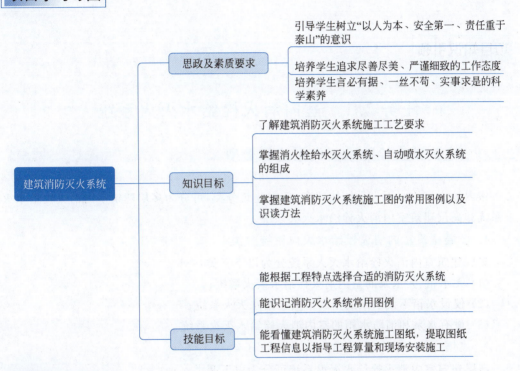

项目知识链接

(1)《建筑设计防火规范》(GB 50016—2014)(2018 年版)

(2)《消防给水及消火栓系统技术规范》(GB 50974—2014)

(3)《自动喷水灭火系统设计规范》(GB 50084—2017)

(4)《自动喷水灭火系统施工及验收规范》(GB 50261—2017)

(5) 图集《消防设备安装》(S2 2014 年版)

(6) 图集《室内消火栓安装》(15S202)

项目案例导入

××市××办公楼项目消防灭火系统施工图的识读

➤ 工作任务分解

二维码中是××市××办公楼项目的建筑消防灭火系统的平面图及系统图。图纸上

××市××办公楼项目消防灭火系统施工图

的线条、符号、数据和文字代表的含义是什么？它们是如何安装的？安装时有哪些技术要点？以上相关问题在本项目内容的学习中将逐一获得解答。

▶ **实践操作指引**

为完成前面分解出的工作任务，需解读消防灭火系统的分类、系统的组成部分、施工工艺，学会用工程专业语言描述消防灭火系统的施工做法，掌握消防灭火系统施工图的识读方法。最关键的是能够结合工程项目图纸熟读施工图，掌握具体项目的施工做法与施工过程，为建筑消防灭火系统施工图的计量与计价打下扎实的基础。

项目知识引领

任务 2.1　室内消火栓给水灭火系统

2.1.1　室内消火栓给水灭火系统的类型

室内消火栓给水灭火系统按照高、低层建筑分类，可分为多层建筑室内消火栓给水灭火系统和高层建筑室内消火栓给水灭火系统。

1. 多层建筑室内消火栓给水灭火系统分类

多层建筑室内消火栓给水灭火系统分为以下三类：
（1）无水箱、无水泵的室内消火栓给水灭火系统；
（2）仅设水箱不设水泵的室内消火栓给水灭火系统；
（3）设有水泵和消防水箱的室内消火栓给水灭火系统。

2. 高层建筑室内消火栓给水灭火系统分类

高层建筑室内消火栓给水灭火系统可分为以下两类：
（1）高层建筑区域集中的高压、临时高压室内消火栓给水灭火系统；
（2）分区供水的室内消火栓给水灭火系统。

2.1.2　室内消火栓给水灭火系统的组成

微课：认识室内消火栓给水灭火系统的组成

室内消火栓给水灭火系统包括消火栓设备、消防管道和水源等。当室外给水管网的水压不能满足室内消防要求时，室内消火栓给水灭火系统还需设置消防水泵、消防水泵接合器、水箱和水池。室内消火栓给水灭火系统的组成示意图如图 2-1 所示。

1. 室内消火栓设备

1）室内消火栓

室内消火栓由水枪、水带和消火栓组成，三者均安装在消防箱内。常用消防箱的规格

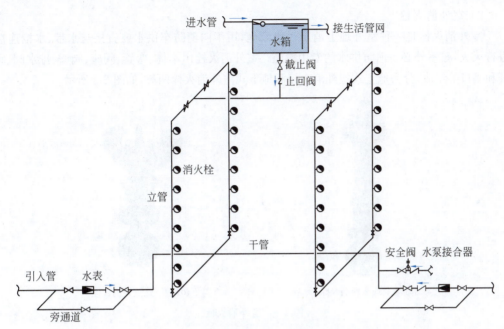

图 2-1 室内消火栓给水灭火系统的组成示意图

有 800mm×650mm×200mm，用钢板、铝合金等制作而成。

（1）水枪是灭火的主要工具之一，其作用在于收缩水流，产生击灭火焰的充实水柱。室内一般采用直流式水枪，水枪喷口直径有 13mm、16mm 和 19mm 三种，另一端设有和水带连接的接口，其口径有 50mm 和 65mm 两种。

（2）水带有麻织水带和橡胶水带两种，麻织水带耐折叠性能较好。水带的长度有 10m、15m、20m 和 25m 四种，选择时根据水力计算确定。

（3）室内消火栓分为单阀和双阀两种，单阀消火栓分为单出口、双出口和直角双出口三种；双阀消火栓为双出口，如图 2-2 所示。在低层建筑中单阀单出口消火栓的使用较多，消火栓口直径分为 DN50、DN65 两种，对应的水枪最小流量分别为 2.5L/s 和 5L/s。双出口消火栓直径为 DN65，每支水枪最小流量不小于 5L/s。消火栓进口端与管道连接，出口与水带连接。

(a) 单阀单出口消火栓　　　(b) 单阀双出口消火栓　　　(c) 双阀双出口消火栓

图 2-2 室内消火栓

2）室外消火栓

室外消火栓是一种室外地上消防供水设施，用于向消防车供水或直接与水带、水枪连接进行灭火，是室外必备消防供水的专用设施。室外消火栓由本体、弯管、阀座、阀瓣、排水阀、阀杆和接口等组成，分为地上式室外消火栓和地下式室外消火栓两种，如图 2-3 所示。

(a) 地上式室外消火栓　　　　　　　　(b) 地下式室外消火栓

图 2-3　室外消火栓

2．水泵接合器

当建筑物发生火灾，室内消防水泵不能启动或流量不足时，消防车由室外消火栓、水池或天然水源取水，通过水泵结合器向室内消防给水管网供水。水泵接合器的一端由消防给水管网水平干管引出，另一端设于消防车易于接近的地方。水泵接合器分为地上式、地下式和墙壁式三种，如图 2-4 所示。

(a) 地上式水泵接合器　　　　(b) 地下式水泵接合器　　　　(c) 墙壁式水泵接合器

图 2-4　三种水泵接合器

2.1.3　消火栓给水系统的安装工艺

1．系统管道安装技术要求

消火栓给水系统管道在安装时需注意以下几点。

（1）系统管道应采用镀锌钢管，当 DN≤100mm 时用螺纹连接；当管子与设备、法兰阀门连接时应采用法兰连接；当 DN＞100mm 时管道均采用法兰连接或卡箍连接。管子与法兰的焊接处应进行防腐处理。

(2) 管道的安装要求横平竖直,支架间距的安装要求与室内给水管道要求相同。

(3) 当管道穿越楼板或墙体时,应设套管。穿墙套管长度不得小于墙体厚度,穿楼板套管应高出楼板面50mm,套管与穿管之间间隙应用阻燃材料填塞,阻燃材料可以使用麻丝。

(4) 埋地敷设的金属管道应做防腐处理,通常采用刷沥青漆和包玻璃布进行处理。

2. 室内消火栓布置注意事项

室内消火栓的安装示意图如图2-5所示,需要注意以下几项规定。

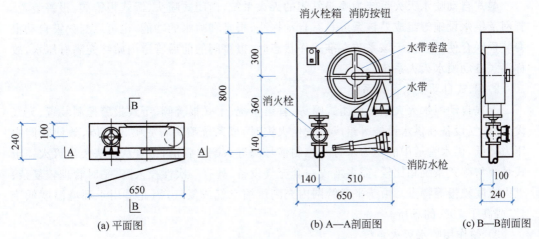

图 2-5 室内消火栓安装示意图

(1) 设有消防给水系统的建筑物,各层(无可燃物的设备层除外)均应设消火栓。室内消火栓的布置应保证有两支水枪的充实水柱可同时到达室内任何部位。

(2) 消防电梯间前应设置消火栓。

(3) 室内消火栓应设置在位置明显且易于操作的位置,如楼梯间、走廊、大厅、车间出入口和消防前室等。栓口离地面或操作基面高度宜为1.1m,其出水方向宜向下或与设置消火栓的墙面成90°角。

(4) 室内消火栓的间距应由计算确定。高层厂房(仓库)、高架仓库和甲、乙类厂房中室内消火栓的间距不应大于30m;其他单层和多层建筑中室内消火栓的间距不应大于50m。

(5) 同一建筑物内应采用统一规格的消火栓、水枪和水带。每条水带的长度不应大于25m。

(6) 高层厂房(仓库)和高位消防水箱静压不能满足最不利点消火栓水压要求的其他建筑,应在每个室内消火栓处设置直接启动消防水泵的按钮,并设置保护设施。

任务 2.2 自动喷水灭火系统

2.2.1 自动喷水灭火系统的分类

自动喷水灭火系统是一种发生火灾时,能自动打开喷头喷水灭火并同时发出火警信号的消防灭火设施。根据我国的经济发展状况,目前要求在人员密集、人群不宜疏散、外部增援灭火与救生较困难、性质重要或火灾危险性较大的场所均应设置自动喷水灭火系统。

自动喷水灭火系统按喷头平时开阀情况分为闭式和开式两大类。闭式自动喷水灭火系统有湿式自动喷水灭火系统、干式自动喷水灭火系统、预作用喷水灭火系统等。开式自动喷水灭火系统有雨淋喷水灭火系统、水幕灭火系统和水喷雾灭火系统。

1. 闭式自动喷水灭火系统

1)湿式自动喷水灭火系统

湿式自动喷水灭火系统为喷头常闭的灭火系统,由闭式喷头、湿式报警阀、报警装置、管网及供水设施等组成。该系统具有自动探测、报警和喷水的功能,也可以与火灾自动报警装置联合使用。由于该系统在准工作状态时,报警阀的前后管道内始终充满有压水,故称湿式自动喷水灭火系统。

2)干式自动喷水灭火系统

干式自动喷水灭火系统由闭式喷头、管道系统、干式报警阀、干式报警控制装置、充气设备、排气设备和供水设施等组成。发生火灾时,该系统喷头首先喷出气体,致使管网中压力降低,供水管道中的压力水打开控制信号阀进入配水管网,接着从喷头喷出灭火。干式系统与湿式系统相比较,需多增设一套充气设备,具有一次性投入高、平时管理较复杂、灭火速度较慢等特点。由于平时管网内充满压缩空气或氮气,因此适用于环境温度低于4℃或高于70℃的场所。

3)预作用喷水灭火系统

预作用喷水灭火系统是将火灾探测报警技术与自动喷水系统结合起来,对保护对象起双重保护作用的自动喷水灭火装置。该系统的喷头保持常闭状态,管网中平时不充水,发生火灾时,火灾探测器报警后,自动控制系统控制阀门排气、冲水,由干式系统变为湿式系统;只有当着火点温度达到喷头开启温度时,才开始喷水灭火。该系统弥补了湿式与干式系统的缺点,通常安装在既需要用水灭火,但又不允许发生非火灾原因喷水的场所,如图书馆、档案室、博物馆、计算机机房等。

2. 开式自动喷水灭火系统

1)雨淋喷水灭火系统

雨淋喷水灭火系统为喷头常开的灭火系统,由于采用的是开式喷头,所以喷水是在整个保护区域内同时进行的。当发生火灾时,由火灾探测传动系统感知火灾,控制雨淋阀开启,接通水源和雨淋管网,喷头出水灭火。该系统具有出水量大、灭火控制面积大、灭火及时等特点,适用于大面积喷水快速灭火的特殊场所。

2)水幕灭火系统

水幕灭火系统的喷头沿线状布置,发生火灾时主要起阻火、冷却、隔离作用。该系统主要由开式喷头、水幕灭火系统控制设备、探测报警装置、供水设备及管网等组成。水幕灭火系统适用于需防火隔离的开口部位,如舞台与观众之间的隔离水帘、消防防火卷帘的冷却等。

3)水喷雾灭火系统

水喷雾灭火系统是使用水雾喷头取代雨淋喷水灭火系统中的开式洒水喷头,形成水喷雾灭火系统。该系统是用水雾喷头把水粉碎成细小的水雾之后喷射到正在燃烧的物质表面,一方面使燃烧物和空气隔绝产生窒息,另一方面进行冷却,对油类火灾能使油面起乳化作用,对水溶性液体火灾能起稀释作用。由于水雾具有不会造成液体火飞溅、电气绝缘性好的优点,所以广泛应用于可燃液体火灾、电气火灾,如各类电气设备、石油加工场所等。

2.2.2 自动喷水灭火系统的主要组成

1. 管道

自动喷水灭火系统的管网由供水管、配水立管、配水干管、配水管及配水支管组成,如图 2-6 所示。管道布置形式应根据喷头布置的位置和数量确定。

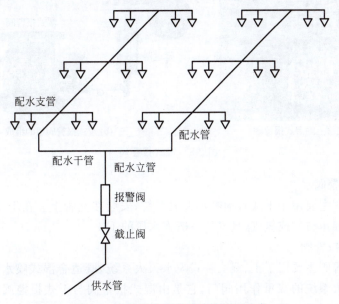

图 2-6 自动喷水灭火系统的管网组成

2. 喷头

喷头可分为闭式喷头和开式喷头。闭式喷头的喷口用由热敏元件组成的释放机构封闭,当达到一定温度时可自动开启,如玻璃球爆炸、易熔合金脱离。其构造按溅水盘的形式和安装位置分为直立式、边墙式、窗口式和下垂式等,如图 2-7 所示。开式喷头根据用途分为开启式、水幕式、喷雾式。

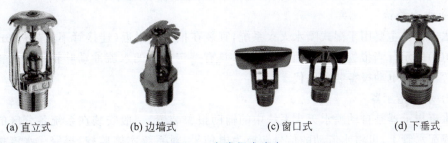

(a) 直立式　　(b) 边墙式　　(c) 窗口式　　(d) 下垂式

图 2-7 各类闭式喷头

3. 报警阀

报警阀是自动喷水灭火系统的关键组件之一,它在系统中起着启动系统、确保灭火用水畅通、发出报警信号的关键作用。报警阀的类型包括湿式报警阀、干式报警阀、干湿式报警阀、雨淋阀和预作用阀。

1) 湿式报警阀

湿式报警阀主要用于湿式自动喷水灭火系统,安装在立管上。其作用是接通或切断水源;输送报警信号,启动水力警铃报警;防止水倒回供水源。湿式报警阀组主要由湿式报警阀、延迟器及水力警铃等组成,如图 2-8 所示。

(a) 安装在立管上的湿式报警阀　　　　(b) 湿式报警阀组的组成

图 2-8　湿式报警阀

2) 干式报警阀

干式报警阀主要用于干式自动喷水灭火系统,安装在立管上。在干式报警阀的系统管道内充的是加压空气或氮气,且气压一般为水压的 1/4。

3) 干湿式报警阀

干湿式报警阀主要用于干、湿交替式喷水灭火系统,既适合湿式喷水灭火系统,又适合干式喷水灭火系统的双重作用阀门,它是由湿式报警阀与干式报警阀依次连接而成。在温暖季节采用湿式装置,在寒冷季节采用干式装置。

4) 雨淋阀

雨淋阀主要用于雨淋喷水灭火系统、水幕灭火系统和水喷雾灭火系统。

5) 预作用阀

预作用阀主要用于预作用喷水灭火系统。

4. 水流报警装置

水流报警装置主要由水力警铃、水流指示器、延迟器和压力开关组成。

1) 水力警铃

水力警铃主要用于湿式喷水灭火系统,宜装在报警阀附近(连接管不宜超过 6m),如图 2-9(a) 所示。当报警阀打开消防水源后,具有一定压力的水流冲动叶轮打铃报警。水力警铃不得由电动报警装置取代。

2) 水流指示器

水流指示器是自动喷水灭火系统中的辅助报警装置,一般安装在系统各分区的配水干管或配水管上,可将水流动的信号转换为电信号,对系统实施监控、报警。水流指示器由本体、微动开关、桨板和法兰(或螺纹)三通等组成,如图2-9(b)所示。

3) 延迟器

延迟器主要用于湿式喷水灭火系统,安装在湿式报警阀和水力警铃、压力开关之间的管网上,用以防止湿式报警阀因水压不稳引起误动作而造成误报,如图2-9(c)所示。

4) 压力开关

压力开关是在水力警铃报警的同时,依靠警铃管内水压的升高自动接通电触点,完成电动警铃报警,向消防控制室传送电信号或启动消防水泵,如图2-9(d)所示。

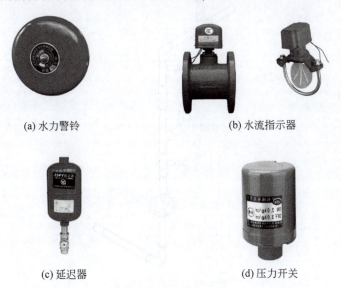

(a) 水力警铃　　(b) 水流指示器

(c) 延迟器　　(d) 压力开关

图 2-9　水流报警装置

5. 火灾探测器

目前常用的火灾探测器有烟感探测器和温感探测器两种,如图2-10所示。烟感探测器是根据烟雾浓度进行探测并执行动作;温感探测器是通过火灾引起的温升产生反应。火灾探测器通常布置在房间或走道的天花板下面,其数量应根据探测器的保护面积和探测区面积计算确定。

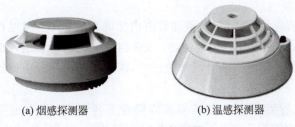

(a) 烟感探测器　　(b) 温感探测器

图 2-10　火灾探测器

6. 控制和检验装置

1) 控制阀

控制阀一般选用闸阀,平时应全开,选用环形软锁将手轮锁死在开启位置,并应有开关方向标记,其通常安装在报警阀前。

2)末端监测装置

末端监测装置用于检验系统的可靠性。测试系统在开放一只喷头的最不利条件下应能可靠报警并正常启动,所以需要在每个报警阀的供水最不利点处设置末端监测装置。末端监测装置由球阀、压力表、试水接头等组成,如图 2-11 所示。

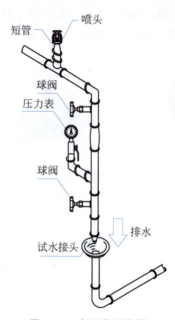

图 2-11 末端监测装置

2.2.3 自动喷水灭火系统的安装工艺

1. 系统管道安装的技术要求

自动喷水灭火系统管道在安装时需注意以下几点。

(1)热镀锌钢管安装应采用螺纹、沟槽式管件或法兰连接,管道连接后不应减小过水横断面面积。

(2)管网安装前应校直管道,并清除管道内部的杂物;在有腐蚀性的场所,安装前应按设计要求对管道、管件等进行防腐处理;安装时应随时清除管道内部的杂物。

(3)法兰连接可采用焊接法兰或螺纹法兰,焊接法兰焊接处应做防腐处理,并宜重新镀锌后再连接。

(4)管道支架、吊架、防晃支架的安装应符合下列要求:①管道应固定牢固,管道支架或吊架之间的距离需符合表 2-1 的规定。②管道支架、吊架、防晃支架的形式、材质、加工尺寸及焊接质量等,应符合设计要求和国家现行有关标准的规定。③管道支架、吊架的安装位置不应妨碍喷头的喷水效果;管道支架、吊架与喷头之间的距离不宜小于 300mm;与末端喷头之间的距离不宜大于 750mm。④配水支管上每一直管段、相邻两喷头之间的管段设置的吊架均不宜少于 1 个,吊架的间距不宜大于 3.6m。⑤当管道的公称直径大于或等于 50mm 时,每段配水干管或配水支管设置的防晃支架不应少于 1 个,且防晃支架的间距不宜大于 15m;当管道改变方向时,应增设防晃支架。⑥竖直安装的配水干管除中间用管卡固定外,还应在其始端和终端设防晃支架或采用管卡固定,其安装位置距地面或楼面的距离宜为 1.5~1.8m。

表 2-1　管道支架或吊架之间的距离

公称直径/mm	25	32	40	50	70	80	100	125	150	200	250	300
距离/m	3.5	4.0	4.5	5.0	6.0	6.0	6.5	7.0	8.0	9.0	11.0	12.0

(5) 管道的安装位置应符合设计要求,当设计无要求时,管道的中心线与梁、柱、楼板等的最小距离应符合表 2-2 的规定。

表 2-2　管道的中心线与梁、柱、楼板的最小距离

公称直径/mm	25	32	40	50	70	80	100	125	150	200
距离/mm	40	40	50	60	70	80	100	125	150	200

(6) 管道穿过建筑物的变形缝时,应采取抗变形措施;穿过墙体或楼板时应加设套管,套管长度不得小于墙体厚度;穿过楼板的套管,其顶部应高出装饰地面 20mm;穿过卫生间或厨房楼板的套管,其顶部应高出装饰地面 50mm,且套管底部应与楼板底面相平。套管与管道的间隙应采用不燃材料填塞密实。

(7) 管道横向安装宜设 0.2%~0.5% 的坡度,且应坡向排水管;当周围区域难以利用排水管将水排净时,应采取相应的排水措施。当喷头数量小于或等于 5 只时,可在管道低凹处加设堵头;当喷头数量大于 5 只时,宜装设带阀门的排水管。

2. 喷头的安装

喷头安装示意图如图 2-12 所示。喷头安装应符合下列技术要求。

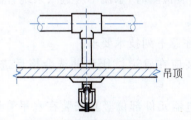

(a) 下喷头安装示意图

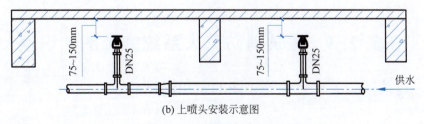

(b) 上喷头安装示意图

图 2-12　喷头安装示意图

（1）喷头安装应在系统试压、冲洗合格后进行。
（2）喷头安装时,不得对喷头进行拆装、改动,并严禁给喷头附加任何装饰性涂层。
（3）喷头安装应使用专用扳手,严禁利用喷头的框架施拧；喷头的框架、溅水盘产生变形或释放原件损伤时,应更换规格、型号相同的喷头。
（4）安装在易受机械损伤处的喷头,应加设喷头防护罩。
（5）当喷头的公称直径小于10mm时,应在配水干管或配水管上安装过滤器。
（6）喷头溅水盘与吊顶、顶棚、楼板、屋面板的距离不宜小于75mm,并不宜大于150mm；当楼板、屋面板为耐火极限大于或等于0.5h的非燃烧体时,其距离不宜大于300mm；当喷头为吊顶型喷头时,可不受上述距离限制。

3. 报警阀组的安装

安装报警阀组应注意下列技术要求。
（1）报警阀组的安装应在供水管网试压、冲洗合格后进行。
（2）安装时应先安装水源控制阀、报警阀,然后进行报警阀辅助管道的连接。
（3）水源控制阀、报警阀与配水干管的连接,应使水流方向一致。
（4）报警阀组安装的位置应符合设计要求；当设计无要求时,报警阀组应安装在便于操作的明显位置,距室内地面高度宜为1.2m；两侧与墙的距离不应小于0.5m；正面与墙的距离不应小于1.2m；报警阀组凸出部位之间的距离不应小于0.5m。

报警阀组附件的安装应符合下列要求。
（1）压力表应安装在报警阀便于观测的位置。
（2）排水管和试验阀应安装在便于操作的位置。
（3）控制阀安装应便于操作,且应有明显开闭标志和可靠的锁定设施。
（4）在报警阀与管网之间的供水干管上应安装控制阀、检测供水压力和流量的仪表及由排水管道组成的系统流量压力检测装置,其过水能力应与系统过水能力一致。干式报警阀组、雨淋报警阀组安装检测时,水流不应进入系统管网的信号控制阀门。

4. 水流指示器的安装

水流指示器的安装需注意下列技术要求。
（1）水流指示器的安装应在管道试压和冲洗合格后进行,其规格、型号应符合设计要求。
（2）水流指示器应使电器元件部位竖直安装在水平管道上侧,其动作方向应和水流方向一致；安装后的水流指示器桨片、膜片应动作灵活,不应与管壁发生碰擦。

任务2.3　建筑消防灭火系统施工图的识读

2.3.1　建筑消防灭火系统施工图的常用图例

建筑消防灭火系统施工图属于建筑给排水系统施工图的范畴,图纸的组成和绘图特点与建筑给排水施工图相同,本节不再赘述。

建筑消防灭火系统施工图常用图例见右侧二维码。

2.3.2 建筑消防灭火系统施工图的识读方法

消防系统
常用图例

自动喷水灭火系统施工图的识读方法与消火栓给水灭火系统施工图相似,本节以消火栓给水灭火系统为例进行示范。

消火栓给水灭火系统施工图一般应按以下顺序进行识读。

(1) 对照图纸目录,确认成套的消火栓给水灭火系统施工图纸是否完整,图名与图纸目录是否吻合。

(2) 识读设计施工说明,了解本工程消火栓消防给水设计内容,设计、施工使用的防火设计规范和标准图集,本消防给水工程设计使用的图例符号。掌握本工程使用的管材、附件、消防设施、设备的类型和技术参数以及施工技术要求,作为施工管理、材料采购、工程预决算的依据和工程质量检查的依据。

(3) 识读消火栓给水平面图,了解建筑使用功能对消火栓给水的设计要求;注意消防管道系统、消火栓箱布置与房屋建筑平面的相互关系;消防给水立管的位置、编号;消火栓系统的编号;管径、管道坡度等。

(4) 识读消防给水系统轴测图和展开系统原理图,应与平面图对照读图,建立全面、完整的消火栓消防给水系统。了解消防设备的设置标高,管道的空间走向、管径和给水方式;掌握它们的类型、规格等。

读图顺序可以按照按水流方向,如:给水引入管→消防蓄水设施→加压设备→消防给水横干管→消防给水立管→消火栓→室内消防引出管→消防水泵接合器。

【任务思考】

项目案例实施

请结合"项目知识引领"的相关内容,完成"项目案例导入"的工作任务分解,并记录在表 2-3 工作任务记录表中。

表 2-3　工作任务记录表

班　级		姓　名		日　期	
案例名称	××市××办公楼项目消防灭火系统施工图的识读				
学习要求	1. 掌握建筑消防灭火系统施工图识读方法 2. 能结合工程项目图纸提取建筑消防灭火系统施工图中的专业信息				
相关知识要点	1. 建筑消防灭火系统施工图表达的内容 2. 建筑消防灭火系统施工图的特点 3. 建筑消防灭火系统施工图识读顺序				
一、识读理论知识记录					
二、识读实践过程记录					
评价	自评(30%)	互评(40%)	师评(30%)	总成绩	
成绩					
评价人					

项目技能提升

一、选择题

1. 消火栓给水系统管材为镀锌钢管,管径 DN≤100mm 时使用(　　)连接方式。
   A. 螺纹连接　　B. 法兰连接　　C. 热熔连接　　D. 焊接连接
2. 当湿式报警阀用于湿式自动喷水灭火系统时,通常在(　　)上安装。
   A. 支管　　　　B. 立管　　　　C. 引入管　　　D. 干管
3. 室内消火栓的栓口离地面或操作基面高度宜为(　　)m,其出水方向宜向下或与设置消火栓的墙面成 90°角。
   A. 1.5　　　　 B. 1.2　　　　 C. 1　　　　　 D. 1.1
4. 当喷头数量小于或等于(　　)只时,可在管道低凹处加设堵头。
   A. 5　　　　　 B. 3　　　　　 C. 4　　　　　 D. 10
5. 环境温度为 −4℃ 的场所适合采取(　　)灭火系统。
   A. 湿式自动喷水　　　　　　　　B. 雨淋喷水
   C. 干式自动喷水　　　　　　　　D. 预作用喷水

二、填空题

1. 报警阀组的安装应在供水管网试压、冲洗合格_____进行。
2. 室内消火栓由_____、_____和_____组成。
3. 自动喷水灭火系统的管网安装前应_____,并清除管道内部的杂物。
4. 水流指示器应使电器元件竖直安装在水平管道上侧,其动作方向应和水流方向_____。
5. 当消防给水管道穿越楼板或墙体时,应设_____。

三、简答题

1. 水泵接合器的作用是什么?

2. 水流报警装置主要有哪些?

3. 消火栓给水灭火系统包括哪些?

4. 消火栓给水灭火系统管道在安装时需要注意哪些技术要点?

5. 消火栓给水灭火系统的读图顺序是什么?

项目评价总结

请结合本项目的学习过程以及技能提升训练情况,完成项目学习评价,并自主从项目的知识重难点、技能核心点、自我感受等方面对本项目进行梳理总结,并记录在表 2-4 项目评价总结表中。

表 2-4　项目评价总结表

序号	评价任务	评价标准	满分	评价 自评	评价 互评	评价 师评	综合评价
1	消火栓给水灭火系统	(1) 能够正确区分室内消火栓给水灭火系统的类型	5				
		(2) 掌握室内消火栓给水灭火系统的组成	15				
		(3) 能够正确描述消火栓给水灭火系统的安装工艺	5				
2	自动喷水灭火系统	(1) 掌握自动喷水灭火系统的分类	5				
		(2) 掌握自动喷水灭火系统的主要组成	15				
		(3) 能够正确描述自动喷水灭火系统的安装工艺	5				
3	建筑消防灭火系统施工图的识读	(1) 掌握建筑消防灭火系统施工图的常用图例	15				
		(2) 掌握建筑消防灭火系统施工图的识读方法	15				
4	动态过程评价	(1) 严格遵守课堂学习纪律	5				
		(2) 正确按照学习顺序记录学习要点,按时提交学习成果	5				
		(3) 积极参与学习活动,例如课堂讨论、课堂分享展示、课后自主探究	10				
自我梳理总结							

项目 3　供暖系统

项目学习导图

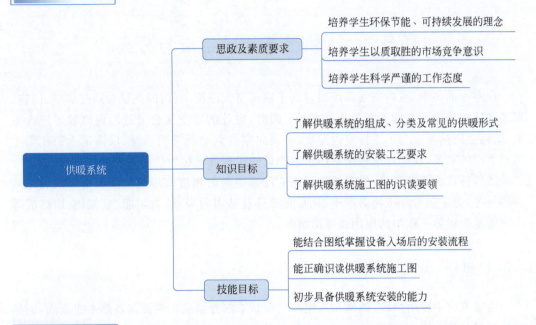

项目知识链接

(1)《民用建筑供暖通风与空气调节设计规范》(GB 50736—2016)
(2)《公共建筑节能设计标准》(GB 50189—2015)
(3)《辐射供暖供冷技术规程》(JGJ 142—2012)
(4)《供热计量技术规程》(JGJ 173—2009)

项目案例导入

××市××住宅项目供暖系统施工图的识读

➤ 工作任务分解

二维码中是××市××住宅项目的供暖系统施工图,图纸中的文字说明如何解读?供暖的组成和分类包括哪些?图纸上的图例、数据如何解析?供暖系统是如何安装的?安装过程中有哪些技术要点?以上相关任务在本项目内容的学习中将逐一获得解答。

××市××住宅
项目供暖系统
施工图

> **实践操作指引**

为完成前面分解出的工作任务,需解读供暖系统的组成、分类,学会使用工程专业术语表示施工做法,掌握供暖系统施工图的识读方法。最关键的是需结合工程项目图纸熟读施工图,掌握具体项目的施工做法与施工过程,为供暖系统施工图的算量与计价打下扎实的基础。

项目知识引领

任务 3.1 供暖系统的组成与分类

在寒冷的冬季,室内空气温度通常高于室外空气温度,室内的热量会通过墙壁、门窗、屋顶和地板等围护结构不断地传向室外;同时,室外的冷空气会通过门窗缝隙等进入室内,消耗室内热量。为了维持室内温度,必须向室内供给所需的热量,以满足人们正常生活和生产的需要,我们将这种向室内供给热量的工程设施称为供暖系统。

随着科技的不断进步,供暖系统采用的能源也与时俱进。传统的能源有煤炭、石油、天然气等,为应对环境污染严重、化石能源日益枯竭的局面,太阳能、空气能、地热能等二次能源在供热工程中的应用也逐渐增多。

3.1.1 供暖系统的组成

供暖系统主要由热源、热网和热用户三个基本部分组成。热源制备热水或蒸汽,由热网输配到各热力用户使用。

目前广泛使用的热源是锅炉房和热电厂,此外也可以利用核能、地热、太阳能、电能、工业余热作为供暖系统的热源。

热网是由热源向热用户输送供热介质的管道系统,工作介质通常为水或水蒸气。

热用户是指从供暖系统获得热能的散热设备,如散热器、热水辐射管、暖风机等。

此外,供暖系统中设置有辅助设备及附件,以保证系统正常工作。供暖系统的辅助设备包括循环水泵、膨胀水箱、除污器、排气设备等,附件包括补偿器、热计量仪表、各类阀门等。

3.1.2 供暖系统的分类

1. 根据作用范围分类

供暖系统根据供暖系统的作用范围,可分为局部供暖系统和集中供暖系统。

1) 局部供暖系统

将热源、管道系统和散热设备在构造上连成一个整体的称为局部供暖系统。如烟气供暖(火炉、火炕、火墙)、电热暖气片和燃气红外线暖气片等。

2）集中供暖系统

热源和散热设备分别设置,用热媒管道连接,由热源向各个房间和各个建筑物供给热量的系统称为集中供暖系统。

2. 根据热媒种类分类

供暖系统根据供暖系统的热媒种类,可分为热水供暖系统、蒸汽供暖系统、热风供暖系统和烟气供暖系统。

1）热水供暖系统

热水供暖系统是将水加热到适当的温度,依靠水泵提供动力在供暖管道流动循环。民用建筑中的热水温度一般低于或等于100℃。

2）蒸汽供暖系统

蒸汽供暖系统是将水加热至沸腾,通过蒸汽本身的压力在供暖管道流动循环,适用于人数骤多骤少或要求迅速加热的建筑物。

3）热风供暖系统

热风供暖系统是将空气加热到适当的温度后直接送入供暖房间,如暖风机、热空气幕等。

4）烟气供暖系统

烟气供暖系统是利用燃烧产生的高温烟气与供暖房间对流换热,从而实现供暖的目的,如火墙、火炕等。

任务3.2　散热器热水供暖系统

散热器供暖是多年来建筑物内常见的一种供暖形式。工程实际中,低温热水供暖系统应用最为广泛。热水供暖系统按循环动力的不同,可以分为自然循环热水供暖系统和机械循环热水供暖系统。

3.2.1　自然循环热水供暖系统

"人往高处走,水往低处流"是一种自然客观现象,在重力的作用下,水会自然往低处流。自然循环热水供暖系统利用了重力,故又称重力循环热水供暖系统。它是以供回水密度差产生的重度差为循环动力,推动热水在系统中循环流动的供暖系统。

自然循环热水供暖系统的工作原理如图3-1所示。系统充水后,水在锅炉中被加热,水温升高而密度变小,沿供水管上升流入散热设备;热水在散热设备中放热后,水温降低而密度增加,沿回水管流回锅炉再次加热;热水不断地被加热和放热,如此循环流动。

3.2.2　机械循环热水供暖系统

机械循环热水供暖系统是依靠水泵提供热水的循环动力,强制水在系统中循环流动。该系统的流量、压力、温度稳定,可提供较大的供暖范围,是一种具有广阔发展前景的供暖

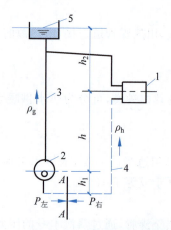

图 3-1 自然循环热水供暖系统工作原理
1—散热器；2—热水锅炉；3—供水管路；4—回水管路；5—膨胀水箱

系统。按管道敷设方式，机械循环热水供暖系统可分为垂直式系统和水平式系统。

1. 垂直式系统

垂直式系统是指热媒沿垂直方向供给各楼层的散热器并放出热量的供暖系统。按供、回水干管布置位置的不同，可分为以下形式。

1) 上供下回式系统

上供下回式系统的供水干管敷设在顶部，回水干管敷设在底层，如图 3-2 所示。立管Ⅰ、Ⅱ为垂直双管式系统，立管Ⅲ为垂直单管顺流式系统，立管Ⅴ为垂直单管带跨越管式系统。其中，垂直双管式系统的进水温度自上而下，逐层降低，存在上热下冷的垂直失调现象，因此并不适用于高层建筑供暖，但在工程实际中应用较为广泛。

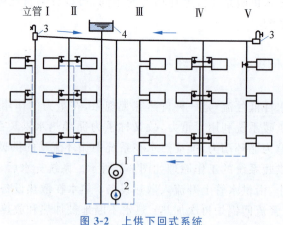

图 3-2 上供下回式系统
1—热水锅炉；2—循环水泵；3—集气装置；4—膨胀水箱

2) 下供下回式系统

下供下回式系统的供、回水干管都敷设在底层散热器之下，如图 3-3 所示，一般适用于顶层难以布置干管的场合以及有地下室的建筑。

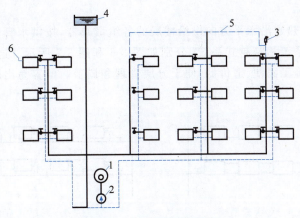

图 3-3 下供下回式系统

1—热水锅炉；2—循环水泵；3—集气罐；4—膨胀水箱；5—空气管；6—冷风阀

3）下供上回式系统

下供上回式系统的供水干管敷设在底部，而回水干管敷设在顶部，又称倒流式系统，如图 3-4 所示。这种形式的系统布置简单，无须设置集气罐等排气装置，当采用高温水供暖系统时，可减少布置高架水箱的困难。

4）中供式系统

中供式系统的总供水干管敷设在系统的中部，如图 3-5 所示。通过总供水干管将整个系统分成上、下两部分，上部分采用下供下回式系统，下部分采用上供下回式，因此可以适当缓解垂直失调的现象。

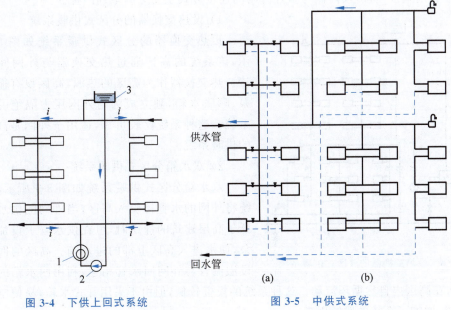

图 3-4 下供上回式系统

1—热水锅炉；2—循环水泵；3—膨胀水箱

图 3-5 中供式系统

2. 水平式系统

水平式系统的热媒沿水平方向供给楼层的各组散热器,按供水管和散热器的连接方式,可分为顺流式系统和跨越式系统,分别如图 3-6 和图 3-7 所示。这种系统管路简单、管道穿楼板较少、施工简便、造价低,便于分层管理和调节。但容易出现前热后冷的水平失调现象。

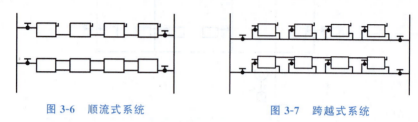

图 3-6 顺流式系统　　　　　　　　图 3-7 跨越式系统

3.2.3　高层建筑热水供暖系统的常用形式

高层建筑的高度一般超过 50m,热水供暖系统的静水压力较大,垂直失调问题也很严重。应根据散热器的承压能力、室外供热管网的压力状况等因素确定系统形式。

目前,国内高层建筑热水供暖系统常用的形式有以下几种。

1. 竖向分区式供暖系统

高层建筑热水供暖系统在垂直方向分成两个或两个以上的独立系统,称为竖向分区式供暖系统。建筑物高度超过 50m 时,热水供暖系统宜竖向分区设置。系统的低区通常与室外管网直接连接,按高区与室外管网的连接方式主要分为下列两种。

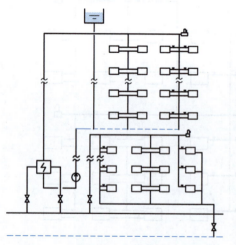

图 3-8　设热交换器的分区式供暖系统

1) 设热交换器的分区式供暖系统

设热交换器的分区式供暖系统如图 3-8 所示,该系统的高区通过热交换器与外网间接连接。热交换器作为高区的热源,高区设有循环水泵、膨胀水箱,独立成为与外网压力隔绝的完整系统。这种系统比较可靠,适用于外网是高温水的供暖系统。

2) 双水箱分区式供暖系统

双水箱分区式供暖系统如图 3-9 所示,该系统将外网的水直接引入高区,当外网的供水压力低于高层建筑的静压时,可在供水管上设加压水泵,使水进入高区上部的进水箱。高区的回水箱设溢流管与外网回水管相连,利用两水箱的高差 h 使水在高区内自然循环流动。这种系统的投资较低,但由于采用开式水箱,易使空气进入系统,增加了系统的腐蚀因素。

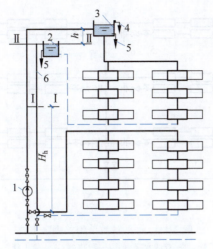

图 3-9 双水箱分区式供暖系统

1—加压水泵；2—回水箱；3—进水箱；4—进水箱溢流管；5—信号管；6—回水箱溢流管

2. 双线式供暖系统

高层建筑的双线式供暖系统可以分环路调节，因为在每一环路上均设置有节流孔板、调节阀门，主要分为垂直双线单管式供暖系统和水平双线单管式供暖系统。

1）垂直双线单管式供暖系统

垂直双线单管式供暖系统的散热器立管由上升立管和下降立管组成，如图3-10所示，垂直方向各楼层散热器的热媒平均温度近似相同，有利于避免出现垂直失调现象。系统在每根回水立管末端设置节流孔板，以增大各立管环路的阻力，缓解水平失调现象。

2）水平双线单管式供暖系统

水平双线单管式供暖系统如图3-11所示，水平方向的各组散热器内热媒平均温度近似相同，有利于避免出现水平失调现象。系统在每根水平管线上设置调节阀进行分层流量调节，在每层水平回水管线末端设置节流孔板，以增大各水平环路的阻力，缓解垂直失调现象。

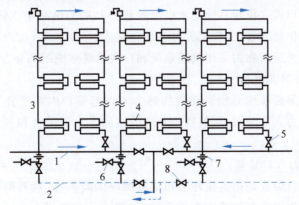

图 3-10 垂直双线单管式供暖系统

1—供水干管；2—回水干管；3—双线立管；4—散热器；5—截止阀；
6—排水阀；7—节流孔板；8—调节阀

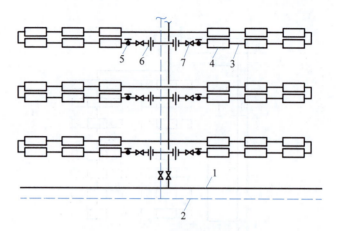

图 3-11 水平双线单管式供暖系统

1—供水干管；2—回水干管；3—双线水平管；4—散热器；5—截止阀；6—节流孔板；7—调节阀

任务 3.3　分户供暖及低温热水地板辐射供暖系统

3.3.1　分户热计量热水供暖系统

分户热计量热水供暖系统是指以建筑物的户（套）为单位，分别计量向户内供给热量的集中供暖系统。建筑物应根据采用的热量计量方式选用不同的供暖系统形式，常见的分户热计量热水供暖系统有以下两种。

1. 分户热计量垂直式供暖系统

分户热计量垂直式供暖系统宜采用垂直单管跨越式系统、垂直双管式系统。从克服垂直失调的角度，垂直双管式系统宜采用下供下回异程式系统。

2. 共用立管的分户独立供暖系统

共用立管的分户独立供暖系统是集中设置各户共用的供回水立管，从共用立管上引出各户独立成环的供暖支管，支管上设置热计量装置、锁闭阀等，按户计量热量的供暖系统形式。该系统分为建筑物内共用供暖系统和户内供暖系统两部分。

1）建筑物内共用供暖系统

建筑物内共用供暖系统是指自建筑物热力入口起至户内系统分支阀门止的供暖系统。它由建筑物热力入口装置、建筑物内共用的供回水水平干管和各户共用的供回水立管组成。

（1）建筑物热力入口装置。

建筑物热力入口装置是指连接外网和建筑物内供暖系统，具有调节、检测、关断等功能的装置。当户内为单管跨越式定流量系统时，热力入口应设自力式流量控制阀；当户内为双管式变流量系统时，热力入口应设自力式压差控制阀。热力入口的供水管上应设两级过滤器。设总热量表的热力入口，其流量计宜设在回水管上。热力入口的供回水管上应设置关断阀、压力表，供回水管之间应设旁通管和旁通阀。典型建筑物热力入口装置如图3-12所示。

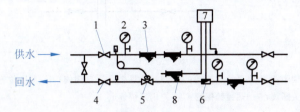

图3-12 典型建筑物热力入口装置
1—关断阀门；2—压力表；3—过滤器；4—温度计；5—压差或流量控制阀；
6—流量传感器；7—积分仪；8—温度传感器

（2）建筑物内共用的供回水水平干管。

建筑物内共用的供回水水平干管应有不小于0.2%的坡度，不应穿越户内空间，通常设置在建筑物的设备层、管沟、地下室或公共用房的适宜空间内，并应具备检修条件。干管采用同程式布置。

（3）各户共用的供回水立管。

各户共用的供回水立管宜采用下供下回式，其顶端应设排气装置。每副共用供回水立管每层连接的户数不宜大于3户，当每层用户数较多时，应增加共用立管的数量或采用分水器、集水器连接。共用立管应设在管道井内或户外的公共空间内，并具备户外检修的条件。

2）户内供暖系统

户内供暖系统是指自连接共用立管的分支阀门后的供暖系统，由入户装置、户内供回水管道、散热设备、室温控制装置等组成。

（1）入户装置。

入户装置是指安装在户外管道井或热量表箱内，具有调节、计量、检测、关断等功能的装置。

入户装置包括供水管上的锁闭调节阀、回水管上的锁闭阀、户用热量表、过滤器等部件。户用热量表的流量传感器宜安装在供水管上，热量表前宜设置过滤器。入户装置应与共用立管一同设于管道井内或户外的公共空间内。典型的户内供暖系统入户装置如图3-13所示。

（2）户内供回水管道。

户内供回水管道可采用金属管道，也可采用塑料管道或复合管道。

（3）散热设备及室温控制装置。

散热设备及室温控制装置依据户内供暖系统形式选择。常见的户内供暖系统有低温热水地板辐射供暖系统和散热器供暖系统，对应的散热设备分别为地暖盘管、散热器；室温控制装置会按设定温度自动控制和调节散热设备水量，以达到控制室内温度目的。其中，散热器供暖系统主要有两种形式：①户内设小型分水器和集水器，散热器相互并联的放射式双管系统，如图3-13所示。该系统管线埋地敷设，施工复杂，但可以实现分室控温。②户内所有散热器串联或并联成环形的环形式系统。该系统不能实现分室控温，但管道布置相对美观。

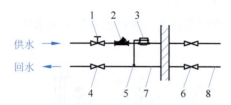

图 3-13 典型的户内供暖系统入户装置

1—锁闭调节阀；2—过滤器；3—户用热量表；4—锁闭阀；5—温度传感器；
6—关断阀；7—热镀锌钢管；8—户内系统管道

3.3.2 低温热水地板辐射供暖系统

辐射供暖是利用建筑物内部的顶面、地面、墙面或其他物体表面，对辐射源发射出的红外线辐射热进行反射的供暖方式。它不单纯加热空气，而是使人体和周围密实物体（墙壁、地面、家具等）先吸收能量使温度升高，然后由这些物体散发辐射热来自然、均匀地提高室内温度。

根据辐射板表面温度不同，可将辐射供暖分为低温辐射供暖（低于80℃）、中温辐射供暖（80~200℃）和高温辐射供暖（500~900℃）。

其中，低温热水地板辐射供暖系统（以下简称地暖）以其节能、舒适、卫生、低噪声、便于分户计量、不占房间面积等优点被广泛认可。该系统各层均采用地板热水辐射供暖方式，各户系统之间并联。供回水总立管设在楼梯间，每户为一回路，可实现调节功能。在室内系统的布置上，用户入口设分水器、集水器，对应的每个分支环路应设置阀门，以便于系统维修和排空，敷设于地面填充层内的支管采用铝塑复合管或塑料管材。

低温热水地面辐射供暖系统主要包括以下三部分。

1. 分水器和集水器

分水器、集水器是用于连接供暖主干供水管和回水管的装置，如图 3-14 所示，每个环路加热管的进、出水口分别与分水器、集水器相连接。每个分支环路供回水管上设置可关断阀门。在分水器之前的供水连接管道上，顺水流方向安装阀门、过滤器和热计量装置。在集水器之后的回水连接管上，安装可关断调节阀，如图 3-15 所示。

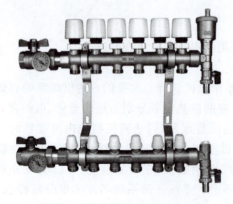

图 3-14 分水器、集水器实物图

图 3-15 现场施工图

2. 加热管系统

常用的加热管有交联聚乙烯、聚丁烯、无规共聚聚丙烯、共聚聚丙烯及交联铝塑复合管等,加热管具有耐老化、耐腐蚀、不结垢、承压高、无污染、沿程阻力小等优点。

布置加热管时,应保证地面温度均匀,间距一般为 100～350mm。为减少流动阻力和保证供回水温差不致过大,地暖加热管均采用并联布置。每个分支环路的加热盘管长度宜尽量相近,一般为 60～80m,最长不宜超过 120m。

地暖的加热管布置方式有:S 形排管(直列形)、蛇形排管(往复形)和回字形排管(螺旋形),如图 3-16 所示。

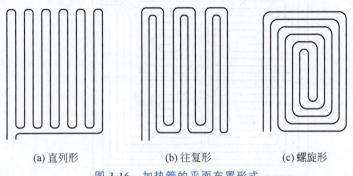

(a) 直列形　　(b) 往复形　　(c) 螺旋形

图 3-16　加热管的平面布置形式

3. 地暖地面结构

地暖地面结构一般由地面层、找平层、填充层、绝热层、结构层组成。其中,地面层是指完成的建筑装饰地面;找平层是在填充层或结构层之上进行抹平的构造层。填充层用来埋、覆盖保护加热管并使地面温度均匀,其厚度不宜小于 50mm,一般公共建筑大于或等于 90mm,住宅大于或等于 70mm。填充层的材料应采用 C15 豆石混凝土,豆石粒径不宜大于 12mm,并掺入适量的防裂剂。绝热层主要用来控制热量传递方向,在加热管及其覆盖层与外墙、楼板结构层间应设绝热层。绝热层一般采用密度大于或等于 20kg/m³ 的聚苯乙烯泡沫塑料板,厚度不宜小于 25mm。一般楼层之间的楼板上的绝热层厚度不应小于 20mm,与土壤或室外空气相邻的地板上的绝热层厚度不应小于 40mm,沿外墙内侧周边的绝热层厚度不应小于 20mm。当绝热层铺设在土壤上时,绝热层下部应做防潮层。在潮湿房间敷设地暖时,加热管覆盖层上应做防水层。地暖地面结构剖面图如图 3-17 所示。

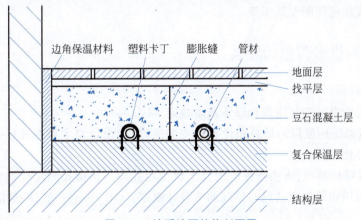

图 3-17　地暖地面结构剖面图

当一般房间面积超过 30m² 或长度超过 6m 时,填充层应设伸缩缝,伸缩缝设置间距小于等于 6m;当面积较大时,伸缩缝的设置间距可适当增大,但不宜超过 10m。加热管穿过伸缩缝时,宜设长度不小于 100mm 的柔性套管。地暖管路布置示意图如图 3-18 所示。

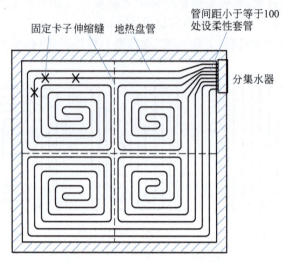

图 3-18 地暖管路布置示意图

任务 3.4 室内供暖系统的施工工艺

室内供暖系统安装施工工艺流程为:安装准备→预制加工→卡架安装→供暖总管安装→供暖干管安装→供暖立管安装→散热设备安装→供暖支管安装→系统水压试验→冲洗→防腐→保温→调试。

供暖系统安装施工,前期准备工作应认真熟悉施工图,配合土建施工进度,预留孔洞及安装预埋件,并按设计图画出管路的位置、管径、变径、坡向及预留孔洞、阀门、卡架等位置的施工草图。按施工草图进行管段的加工预制,并按安装顺序编号存放。安装管道前,按设计要求或规定间距安装卡架。

3.4.1 室内供暖管道的安装

1. 基本规定

室内供暖管道的安装应符合以下基本规定。

(1)供暖系统所使用的材料和设备在安装前,应按设计要求检查规格、型号和质量,符合要求方可使用。

(2)管道穿越基础、墙和楼板应配合土建预留孔洞。预留孔洞尺寸如设计无明确规定时,可按《民用建筑供暖通风与空气调节设计规范》(GB 50736—2016)规定预留。

(3)管道和散热器等设备安装前,必须认真清除内部污物,安装中断或完毕后,管道敞口处应适当封闭,防止进入杂物堵塞管道。

(4)管道从门窗或其他洞口、梁柱、墙垛等处绕过,转角处如高于或低于管道水平走向,在其最高点和最低点应分别安装排气或泄水装置。

(5)管道穿墙壁和楼板时,应分别设置铁皮套管和钢套管。安装在内墙壁的套管,其两端应与饰面相平。管道穿过外墙或基础时,应加设钢套管,套管直径比管道直径大两号为宜。安装在楼板内的套管,其顶部应高出地面20mm,底部与楼板相平。管道穿过厨房、厕所、卫生间等容易积水的房间楼板,应加设钢套管,其顶部应高出地面不小于30mm。

(6)明装钢管成排安装时,直线部分应互相平行,曲线部分曲率半径应相等。

(7)水平管道纵、横方向弯曲、立管垂直度、成排管段和成排阀门安装允许偏差要符合相关规范的规定。

2. 管道的安装

1)供暖干管安装

位于地沟内的干管,安装前应将地沟内杂物清理干净,安装好托吊、卡架,最后盖好沟盖板;位于楼板下的干管,应在结构进入安装层的一层以上后安装;位于顶层的干管,应在结构封顶后安装。凡需隐蔽的干管,均需单体进行水压试验。

2)供暖立管安装

供暖立管安装必须在确定准确的地面标高后进行,并检查和复核各层预留孔洞是否在垂直线上,将预制好的管道运到安装地点后进行安装。

3)供暖支管安装

供暖支管安装必须在墙面抹灰后进行。检查散热设备安装位置及立管预留洞口是否准确,量出支管尺寸进行安装。供暖支管安装与立管交叉时,支管应设半圆形让弯绕过立管。

3.4.2 散热器的分类及安装

1. 散热器的分类

散热器按材质分为铸铁、钢、铝、钢(铜)铝复合散热器;按其结构形式分为翼型、柱型、管型、板型等,如图3-19所示。

1)铸铁散热器

铸铁散热器因其结构简单,耐腐蚀,使用寿命长,造价低,是目前应用最广泛的散热器。但铸铁散热器也有承压能力低、金属耗量大、外形不美观、样式陈旧等缺点。

根据形状,铸铁散热器可分为翼型和柱型两种形式。其中,翼型散热器现已很少使用。柱型散热器是单片的柱状连通体,每片各有几个中空的立柱相互连通,可根据设计将各个单片组对成一组。常用柱型散热器有二柱、四柱、五柱等。

2)钢制散热器

钢制散热器具有承压高、体积紧凑、质量轻、外形美观等优点,但耐腐蚀性较差,一般用于热水供暖系统。常用的钢制散热器有闭式钢串片式、钢制柱式和钢制板式等类型。

(a) 铸铁散热器实物图　　(b) 钢制散热器实物图

(c) 铝制散热器实物图　　(d) 钢(铜)铝复合散热器实物图

图 3-19　散热器实物图

3) 铝制散热器

铝制散热器一般采用铝制型材挤压成形,具有结构紧凑、造型美观、耐氧腐蚀、承压高、质量轻的优点,可用于开式供暖系统以及卫生间、浴室等潮湿场所。但不耐碱腐蚀,无防腐措施的产品只能用于 pH 低于 8.5 的热媒水中。

铝制散热器有柱翼型、管翼型、板翼型等形式,与供暖管道采用焊接或钢拉杆连接。

4) 钢(铜)铝复合散热器

钢(铜)铝复合散热器以钢管、不锈钢管、铜管等为内芯,以铝合金翼片为散热元件,结合了钢管、铜管的高承压、耐腐蚀和铝合金外表美观、散热效果好的优点。它以热水为热媒,工作压力为 1.0MPa。

2. 散热器的安装

散热器的安装程序为:画线定位打洞→栽埋托钩或卡子→散热器除锈、涂装→散热器组对→散热器单组水压试验→挂装或落地安装散热器。

散热器的除锈、涂装可在散热器组对前进行,也可在组对试压合格后进行。散热器托钩、支架安装可与散热器组对试压同时进行,也可分别先后进行。

3.4.3　补偿器和管道支架的安装

1. 补偿器

在热媒流过管道时,由于温度升高,管道会发生伸长,为减少由于热膨胀而产生的轴向应力对管道、阀门等产生的破坏,需根据伸长量的大小选配补偿器。补偿器的种类很多,主要有管道的自然补偿、方形补偿器、波纹管补偿器、套筒补偿器和球形补偿器等。前三种是利用补偿器材料的变形来吸收热伸长；后两种是利用管道的位移来吸收热伸长。供暖系统常用补偿器的形式为自然补偿和方形补偿器。

1）自然补偿

利用供暖管道自身的弯曲管段（如 L 型或 Z 型等）来补偿管段的热伸长的补偿方式称为自然补偿。自然补偿不必特设补偿器，因此考虑管道的热补偿时，应尽量利用其自然弯曲的补偿能力。自然补偿的缺点是管道变形时会产生横向位移，而且补偿的管段不能很长。

2）方形补偿器

由 4 个 90°弯头构成 U 形的补偿器称为方形补偿器，如图 3-20 所示，靠其弯管的变形来补偿管段的热伸长。方形补偿器通常用无缝钢管煨弯或机制弯头组合而成；也有将钢管弯曲成"S"形或"Q"形的补偿器，这用于供暖直管等径的钢管构成呈弯曲形状的补偿器，称为弯管补偿器。弯管补偿器采用多点绑扎法吊装，就位后必须将补偿器冷拉或冷压来增加其补偿能力，冷压或冷压量应符合设计要求，其允许偏差应在±10mm 之间。

图 3-20　方形补偿器

方形补偿器在供暖管道上应用普遍。这种补偿器的优点是制造方便，补偿能力大，运行可靠，作用在固定支架上的轴向推力相对较小，维修方便。其缺点是介质流动阻力大，占地面积较大。

当地方狭小，方形补偿器无法安装时，可采用套管式补偿器或波纹管补偿器。但套管补偿器易漏水、漏气，宜安装在地沟内，不宜安装在建筑物上部；波纹管补偿器材质为不锈钢，补偿能力大，耐腐蚀，但造价高。

2. 管道支架的安装

管道支架是直接支承管道、限制管道位移并承受管道作用力的管路附件。安装时应注意以下几点。

（1）管道支架的安装应平整牢固、位置正确，埋入墙内的支架安装前要将洞眼内冲洗干净，采用 1∶3 水泥砂浆填实抹平。

（2）在预埋铁件上焊接的，要将预埋件表面清理干净，使用 T422 焊条焊接，焊缝应饱满。

（3）利用膨胀螺栓固定的，选用钻孔的钻头应与膨胀螺栓规格一致，钻孔的深度与膨胀螺栓外套的长度相同，不宜过深。

（4）柱抱梁安装时，其螺栓应紧固牢靠。

供暖管道及散热器应按施工与验收规范要求作防腐处理，要求如下。

（1）明装管道和设备必须刷一道防锈漆、两道面漆。如需保温和防结露处理，应刷两道防锈漆，不刷面漆。

（2）暗装的管道和设备，应刷两道防锈漆。

（3）埋地钢管的防腐应根据土壤的腐蚀性能而定。

（4）出厂未涂油的排水铸铁管和管件，埋地安装前应在管道外壁涂两道石油沥青。

（5）涂刷应厚度均匀，不得有脱皮、起泡、流淌和漏涂。

(6) 防腐严禁在雨、雾、雪和大风天气操作。

一般明装在室内的供暖管道及散热器除锈后先涂刷两道红丹底漆,再涂刷两道银粉漆。设置在管沟、技术夹层、闷顶、管道竖井或易冻结地方的管道,都应采取保温措施。

3.4.4 供暖辅助设备及附件的安装

1. 膨胀水箱

膨胀水箱在热水供暖系统中起着容纳系统膨胀水量、排除系统中的空气、为系统补充水量及定压的作用。

膨胀水箱设在热水供暖系统的最高处。自然循环热水供暖系统中,膨胀水箱多连接在热源出口供水立管的顶端,而在机械循环热水供暖系统中,膨胀管连接在循环水泵吸水口侧的回水干管上。

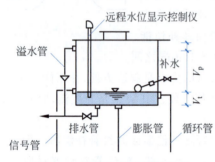

图 3-21 膨胀水箱配管示意图

膨胀水箱一般用钢板焊制而成,其外形有矩形和圆形两种,以矩形水箱使用较多,如图 3-21 所示。膨胀水箱上的配管主要有膨胀管、循环管、溢流管、排污管、检查管、补水管。排污管上应装设阀门,可与溢流管接通并一起引向排水管道或附近的排水管道;膨胀管、循环管、溢流管上均不得装设阀门;检查管只允许在水泵房的池槽检查点处装阀门,以检查水箱水位是否已降至最低水位而需补水;若为供暖水箱间,循环管可以不装。

2. 排气装置

为排除系统中的空气,供暖系统设有排气装置,目前常见的排气装置主要有集气罐、冷风阀、自动排气阀等。

1) 集气罐

集气罐一般用直径 100~250mm 的钢管焊制而成,分为立式和卧式两种。从其顶部引出 DN15 的排气管,排气管末端安装阀门并引到附近的排水设施处。集气罐一般安装于热水供暖系统上部水平干管末端的最高处。

2) 冷风阀

冷风阀又称为手动排气阀,多用在水平式和下供下回式系统中,它旋紧在散热器上部专设的丝孔上,以手动方式排除空气。

3) 自动排气阀

自动排气阀是靠阀体内的启闭机构自动排除空气的装置,如图 3-22 所示。其安装位置与集气罐相同,与系统的连接处应设阀门,以便于自动排气阀的检修和更换。

3. 散热器温控阀

散热器温控阀也称恒温控制阀或自力式温控阀,如图 3-23 所示,是一种自动控制散热器散热量的设备。它由两部分组成,一部分为阀体部分,另一部分为感温元件控制部分。当室内温度高于给定的温度值时,感温元件受热,其顶杆就压缩阀杆,将阀口关小,进入散热器的水流量减小,散热器散热量减小,室温下降。当室内温度下降到低于设定值时,感温元件开始收缩,其阀杆靠弹簧的作用将阀杆抬起,阀孔开大,水流量增大,散热器散热量增加,室内温度开始升高,从而保证室温处在设定的温度值内。温控阀控温范围在13~28℃,温控误差为±1℃。

恒温阀安装前应对管道和散热器进行彻底的清洗,其安装位置应远离高温物体表面。恒温阀阀体安装应注意水流方向。阀体安装完毕先用一个螺母罩保护起来,直到交付用户使用才可安装调温器。调温器安装在阀体上,应使标记位置朝上,并应确保调温器处于水平位置。

图 3-22　自动排气阀

图 3-23　散热器温控阀

任务 3.5　供暖系统施工图的识读

3.5.1　供暖系统施工图的组成与内容

供暖系统施工图的组成与内容可参照建筑给排水系统施工图的知识,一般由图纸目录、主要设备及材料表、设计说明、图例、平面图、系统图及施工详图等组成。

1. 设计施工说明

设计施工说明是整个供暖施工中的指导性文件,图纸中无法表达清楚的问题,可通过文字说明来表达设计者意图。通过阅读设计施工说明,工程从业人员可以快速了解到供暖系统的工程概况、设计依据、设计范围、散热器,管道材质及其连接方式、系统防腐保温做法及系统试压等内容。其他未说明的各项施工要求应遵守的规范和有关规定,也应予以说明。

2. 供暖平面图

供暖平面图反映供暖系统的干管、立管、支管的平面位置、走向、立管编号和管道安装方式;散热器平面位置、规格、数量及安装方式(明装或暗装);供暖干管上的阀门、固定支架以及与采暖系统有关的设备(如膨胀水箱、集气罐、疏水器等平面位置、规格、型号等);热媒入口及入口地沟情况,热媒来源、流向及与室外热网的连接。

3. 供暖系统图

识读供暖系统图时,应弄清楚管道系统的空间布置情况和散热器的空间连接形式,管道的管径、标高、坡度、立管编号、系统编号以及各种设备、部件在管道系统中的位置。注意不同编号的系统不能混淆识读,把系统图与平面图对照阅读,可了解整个供暖系统的全貌。

4. 供暖详图

由于平面图和系统图所用比例小,管道及设备等均用图例表示,它们的构造及安装情况都不能表示清楚,因此,必须按大比例画出构造安装详图。

3.5.2 供暖系统施工图的识读方法

一套供暖系统施工图可以按以下步骤进行识读。

(1)识读图纸目录和设计施工说明。通过图纸目录了解工程名称、项目内容、设计日期、工程全部图纸数量、图纸编号等基本信息。通过设计施工说明对工程概况和施工要求有一定的了解,如供暖设计、系统的管材及安装设计、设备的安装及系统调试等要求等。

(2)识读平面图。识读平面图时,以设备机房或者分水器、集水器为起点,按照热水流动的方向查明供暖管道干管、立管的平面位置,分水器、集水器、地暖盘管的数量、安装位置、定位尺寸等技术信息。

(3)综合识读。结合平面图和系统图,反复对照识读,理解管段之间的空间位置关系,从而完全掌握图纸的全部内容。

(4)识读详图。仔细识读安装大样图、剖面图等,理解详细构造,用以指导正确的安装施工。安装大样图多选用全国通用标准安装图集,也可单独绘制。对单独绘制的安装大样图,也应将平面大样图与系统大样图对照识读。

【任务思考】

项目案例实施

请结合"项目知识引领"的相关内容,完成"项目案例导入"的工作任务分解,并记录在表 3-1 工作任务记录表中。

表 3-1 工作任务记录表

班 级		姓 名		日 期	
案例名称	××市××住宅项目供暖系统施工图的识读				
学习要求	1. 掌握供暖施工图识读方法 2. 能结合工程项目图纸提取供暖系统施工图中的专业信息				
相关知识要点	1. 供暖系统施工图表达的内容 2. 供暖系统施工图的特点 3. 供暖系统施工图识读顺序				
一、识读理论知识记录					
二、识读实践过程记录					
评价	自评(30%)	互评(40%)	师评(30%)	总成绩	
成绩					
评价人					

项目技能提升

一、选择题

1. 民用建筑的集中供暖系统中应用（　　）作为热媒。
   A. 高压蒸汽　　B. 低压蒸汽　　C. 150～90℃热水　　D. 95～70℃热水
2. 供暖管道设坡度主要是为了（　　）。
   A. 便于排气　　B. 便于施工　　C. 便于放水　　D. 便于水流动
3. 热水供暖系统膨胀水箱的作用是（　　）。
   A. 加压　　B. 减压　　C. 定压　　D. 增压
4. 在供暖系统中,提供热量的是（　　）。
   A. 热源　　B. 热用户　　C. 热网　　D. 膨胀水箱
5. 总供水干管敷设在系统的中部的系统是（　　）。
   A. 上供下回式　　B. 中供式系统　　C. 下供下回式　　D. 下供上回式

二、填空题

1. 根据供暖系统的作用范围可分为_____和_____。
2. 低温热水地面辐射供暖系统的供水温度不大于_____℃。民用建筑供水温度宜采用_____,供回水温差不大于_____。
3. 高层建筑的双线式供暖系统可以分环路调节,因为在每一环路上均设置有节流孔板、调节阀门,主要分为_____和_____。
4. 在分水器之前的供水连接管道上,顺水流方向安装_____、_____和_____。
5. 常见的管道补偿器有_____、_____、_____、_____和_____。

三、简答题

1. 什么是供暖系统？

2. 机械循环热水供暖系统的分类有哪些？

3. 室内供暖系统安装施工工艺流程是什么？

4. 试着列举4种常见的补偿器。

5. 散热器的分类有哪些？

项目评价总结

请结合本项目的学习过程以及技能提升训练情况,完成项目学习评价,并自主从项目的知识重难点、技能核心点、自我感受等方面对本项目进行梳理总结,并记录在表 3-2 项目评价总结表中。

表 3-2　项目评价总结表

序号	评价任务	评价标准	满分	评价 自评	评价 互评	评价 师评	综合评价
1	供暖系统的组成与分类	(1) 掌握供暖系统的组成	5				
		(2) 掌握供暖系统的分类	5				
2	散热器热水供暖系统	(1) 掌握自然循环热水供暖系统的工作原理	5				
		(2) 掌握机械循环热水供暖系统的分类和特点	8				
		(3) 掌握高层建筑热水供暖系统的常用形式	10				
		(4) 掌握分户供暖及低温地板辐射供暖系统的分类和组成	10				
3	室内供暖系统的施工工艺	(1) 掌握室内供暖管道的安装工艺	5				
		(2) 掌握散热器的分类及安装工艺	6				
		(3) 掌握补偿器管道支架的分类与特点、安装工艺辅助设备及附件的安装	6				
4	供暖系统施工图的识读	(1) 掌握供暖系统施工图的组成与内容	10				
		(2) 掌握供暖系统施工图的识读方法	10				

续表

序号	评价任务	评价标准	满分	评价			综合评价
				自评	互评	师评	
5	动态过程评价	(1) 严格遵守课堂学习纪律	5				
		(2) 正确按照学习顺序记录学习要点，按时提交工作学习成果	5				
		(3) 积极参与学习活动，例如课堂讨论、课堂分享展示、课后自主探究	10				
自我梳理总结							

项目 4 通风空调系统

项目学习导图

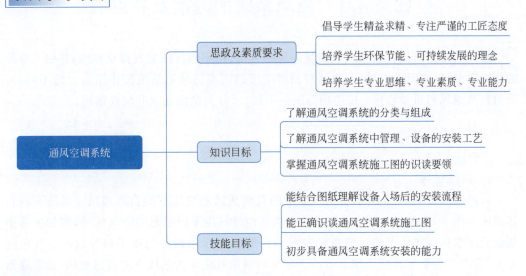

项目知识链接

(1)《民用建筑供暖通风与空气调节设计规范》(GB 50736—2016)
(2)《通风与空调工程施工质量验收规范》(GB 50243—2016)
(3)《住宅新风系统技术标准》(JGJ/T 440—2018)
(4)《通风与空调工程施工规范》(GB 50738—2011)
(5)《建筑设计防火规范》(GB 50016—2014)(2018年版)

项目案例导入

××市××办公楼项目通风空调系统施工图的识读

▶ 工作任务分解

二维码中是××市××办公楼项目的通风空调系统施工图,图纸中的文字说明如何解读?图纸中各段线条的含义是什么?图纸中的符号、数据如何解析?通风空调系统是如何安装的?安装过程中需注意哪些技术要点?以上相关任务在本项目内容的学习中将逐一获得解答。

××市××办公楼项目通风空调系统施工图

▶ 实践操作指引

为完成前面分解出的工作任务,需解读通风及空调系统的定义、组成,进而学会用工程专业术语来表示施工做法,掌握施工图的识读方法。最关键的是需结合工程项目图纸熟读施工图,掌握施工工艺与施工过程,为通风空调系统施工图的计量与计价打下扎实的基础。

项目知识引领

任务 4.1 通风系统的分类及特点

通风系统是采用自然通风或机械通风的方法,将室内污浊空气排至室外,并引入室外的新鲜空气,以满足人们生产、生活对新鲜空气的需求。通风系统按作用动力的不同,可分为自然通风和机械通风;按作用范围的不同,可分为全面通风和局部通风。

4.1.1 自然通风与机械通风

1. 自然通风

自然通风按照动力不同,分为风压下的自然通风和热压下的自然通风。风压下的自然通风如图 4-1 所示,由于室外风力导致的室内外气压不同引起的空气流动,例如生活中常说的穿堂风。热压下的自然通风如图 4-2 所示,由于室内外温度不同导致的空气密度差异,室内的热空气密度小往上运动。常见的烟囱效应即为热压下的自然通风,通常建筑越高,其烟囱效应越强烈。

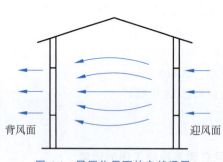

图 4-1 风压作用下的自然通风

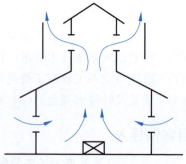

图 4-2 热压作用下的自然通风

自然通风是一种简单经济的通风方式,借助门窗即可实现通风,不需要专设的动力,当条件允许时,应优先采用自然通风。但是自然通风的作用压力比较小,风压和热压受自然条件影响较大,通风效果不稳定,通风量难以有效控制。一般居民住宅、普通办公楼、工业厂房等的通风换气主要依靠自然通风。

2. 机械通风

在一些对通风要求较高的场所必须设置机械通风系统,以确保室内通风效果。机械通风系统依靠风机产生的抽力和压力迫使空气流动。由于该系统能够克服较大的阻力，故可以和一些阻力较大的设备进行连接，例如通过风管将加热、冷却、加湿、干燥、净化等设备连接起来，把经过处理的空气送到指定地点，如图4-3所示。

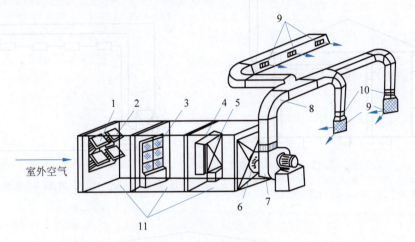

图 4-3　机械通风示意图

1—百叶窗；2—保温阀；3—空气过滤器；4—旁通阀；5—空气加热器；6—启动阀；
7—风机；8—通风管；9—送风口；10—调节阀；11—送风室

4.1.2　全面通风与局部通风

1. 全面通风

全面通风又叫稀释通风，作用范围为整个房间，利用室外新鲜空气将整个房间内的有害物浓度稀释到卫生标准的允许浓度以下，同时把室内被污染的污浊空气直接或经过净化处理后排放到室外大气中。

全面通风包括全面送风和全面排风。两者可同时或单独使用，单独使用时需要与自然进风、排风方式相结合。

1) 全面送风

当不希望邻室或室外空气渗入室内，而又对送入的空气有特别要求的，例如过滤加热，这种情况多采用全面机械送风系统来冲淡室内有害物，这样室内空气始终处于正压，室内有害物随空气通过门窗一起被压出室外。例如在消防电梯前室，为方便火灾现场消防员及时救人灭火，同时阻止邻室的浓烟进入，在消防电梯前室会设置机械加压送风系统。

2) 全面排风

为了使室内产生的有害物尽可能不扩散到其他区域或邻室，可在有害物产生比较集中的区域或房间采用全面机械排风。如图4-4所示为全面机械排风，在风机的作用下，将含尘量大的室内空气通过引风机排出。此时，室内处于负压状态，周围不需要进行处理的空气从邻室或其他区域补入以冲淡有害物。如图4-5所示为在墙上装有轴流风机的简单全面排风系统。如图4-6所示为室内设有排风口，含尘量大的室内空气从专设的排气装置排入大气的全面机械排风系统。

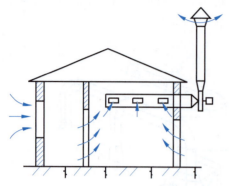

图 4-4　全面机械排风、自然送风系统示意图

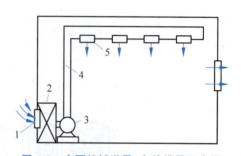

图 4-5　全面机械送风、自然排风示意图

1—进风口；2—加热器；3—风机；4—风管；5—送风口

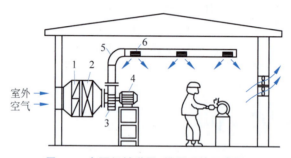

图 4-6　全面机械送风、排风系统示意图

1—过滤器；2—加热器；3—风管；4—风机；5—风管弯头风；6—风口

2. 局部通风

局部通风的作用范围是房间的某一局部位置，利用局部气流使工作地点不受有害物污染，以改善工作地点的空气条件。这种通风方式的通风量小、效果好，是防止工业有害物污染室内空气及改善作业环境比较有效的通风方法。局部通风分为局部排风和局部送风两大类。

1）局部排风

局部排风是将有害物质在产生的地点就地排除，并在排除之前不与工作人员接触，如图 4-7 所示。局部排风既能有效地防止有害物质对人体的危害，又能大大减少通风量。局部排风主要用于工厂中的电镀槽、散料皮带传送的落料点、焊接工作台、化学分析工作台、喷漆、砂轮机等部位的通风。

2）局部送风

局部送风是将符合要求的空气输送、分配给局部工作区，适用于产生有害物质的厂房，如图 4-8 所示。局部送风可直接将新鲜空气送至工作地点，改善工作区的环境条件，是一种比较经济实惠的送风方式。

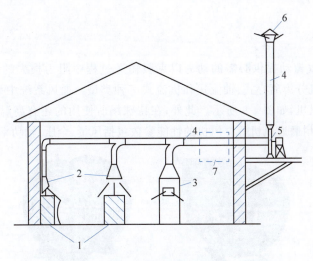

图 4-7 局部排风示意图

1—工艺设备；2—局部排风罩；3—局部排风柜；4—风道；5—通风机；6—排风帽；7—排气处理装置

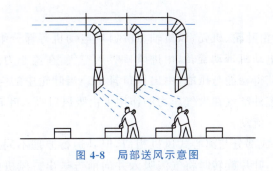

图 4-8 局部送风示意图

任务 4.2 通风系统的组成

通风系统主要包括进风装置（或排风装置）、风机、风管、室内送风口（或排风口）、风量调节阀等组成部分。

4.2.1 进、排风装置

室外进风装置是通风和空调系统采集新鲜空气的入口。根据进风室位置的不同，室外进风装置可采用竖直风道塔式进风口，也可采用设在建筑物外围结构上的墙壁式或屋顶式进风口。进风口要求设在空气不受污染的外墙上。进风口上设有百叶风格，以便挡住室外空气中的杂物进入送风系统。

室外排风装置的任务是将室内被污染的空气直接排到大气中。一般室外排风口应设在屋面以上 1m 的位置，出口处应设置风帽或百叶风口。

4.2.2 风机

风机是为空气流动提供必需的动力以克服输送过程中阻力损失的设备,根据风机的作用原理可将风机分为离心式、轴流式和贯流式三种类型。通风系统中大量使用的是离心式风机和轴流式风机,如图 4-9 所示。此外,在特殊场所使用的还有高温通风机、防爆通风机、防腐通风机和耐磨通风机等。风机的性能参数包括风量、全压、轴功率、效率、转速等。

(a) 离心式风机　　(b) 轴流式风机

图 4-9　风机

离心式风机主要由叶轮、机壳、风机轴、进风口、电动机等部分组成,叶轮上有一定数量的叶片,风机轴由电动机带动旋转,由进风口吸入空气,在离心力的作用下空气被抛出叶轮甩向机壳,从而获得动能与压能,由出风口排出。当叶轮中的空气被压出后,叶轮中心处形成负压,此时室外空气在大气压力的作用下由吸风口吸入叶轮,再次获得能量后被压出,形成连续的空气流动。

轴流式风机的组成部分与离心式风机相似,但其运行原理不同。轴流式风机的叶片安装于旋转的轮毂上,叶片旋转时将气流吸入并向前方送出。风机的叶轮在电动机的带动下转动时,空气由机壳一侧吸入,从另一侧送出。

4.2.3　风管

风管的作用是将过滤处理后的空气输送到各个区域,通常采用薄形镀锌钢板或玻璃钢复合材料制成。按风管的截面形状可将风管分为矩形风管和圆形风管。风管之间的连接、分流、变径、转向通过风管管件实现,如图 4-10 所示,风管与风管之间的连接通常采用法兰连接。

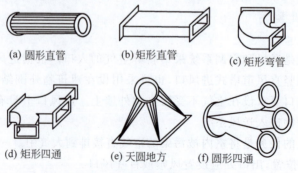

(a) 圆形直管　　(b) 矩形直管　　(c) 矩形弯管

(d) 矩形四通　　(e) 天圆地方　　(f) 圆形四通

图 4-10　矩形、圆形风管及管件

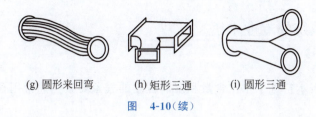

(g) 圆形来回弯　　(h) 矩形三通　　(i) 圆形三通

图 4-10（续）

4.2.4　室内送、排风口

室内送风口是送风系统中风管的末端装置，室内排风口是排风系统的始端吸入装置。

室内送风口的形式多样，比较简单的形式是在风管上开设孔口送风，根据孔口开设的位置分为侧向送风口和下向送风口。对于布置在墙内或者暗装的风管可采用百叶式送风口。百叶式送风口有单层、双层和活动式、固定式之分。工程中常用的单层、双层百叶式风口如图 4-11 所示，单层百叶式风口只有一层可调节角度的活动百叶，而双层百叶式风口有两层可调节角度的活动百叶，短叶片用于调节送风气流的扩散角、改变气流的方向，长叶片使送风气流贴附顶棚或下倾一定角度。

室内排风口一般没有特殊要求，其形式种类也很多，通常多采用单层百叶式排风口。

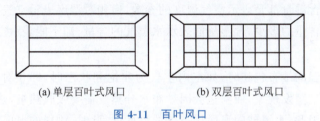

(a) 单层百叶式风口　　(b) 双层百叶式风口

图 4-11　百叶风口

4.2.5　风量调节阀

风量调节阀起到开关、调节风量的作用。考虑到各个房间的面积和功能的不同，各个房间的送风量也不同，所以各送风分支管所承担的风量也不一定相等，为了调节和平衡风量，需在风管上设置风量调节阀。常用的风量调节阀有多叶调节阀、止回阀、插板阀、蝶阀、防火阀等。

任务 4.3　空调系统

空气调节简称空调，是高级的通风，可以满足人们对空气的温度、湿度、气流速度、洁净度、相对湿度等的要求。

4.3.1 空调系统的专业术语

1. 空气湿度

空气湿度是表示空气中水汽含量和湿润程度的气象要素。通常用含湿量、绝对湿度、相对湿度来表示。

1) 含湿量

湿空气是由干空气和水蒸气组成。其中,每千克干空气所含的水蒸气量,称为含湿量。

2) 绝对湿度

每立方米湿空气中所含有的水蒸气量称为绝对湿度。在空调工程中,空气的湿度常用相对湿度来表示。

3) 相对湿度

在一定温度下,湿空气所含的水蒸气量有一个最大限度,超过这一限度,多余的水蒸气就会从湿空气中凝结出来,这种含有最大水蒸气量的湿空气被称为饱和湿空气。所谓相对湿度,是指空气中水蒸气分压力和同温度下饱和水蒸气分压力之比,用字母 RH 表示。

相对湿度与含湿量都是表示空气湿度的参数,但相对湿度表示空气接近饱和的程度,不能表示水蒸气含量的多少,含湿量能表示水蒸气的含量,却不能表示空气的饱和程度。

2. 湿球温度

当温度计用湿的纱布包住时,如室内空气为非饱和状态时,即相对湿度小于100%,纱布表面将会产生蒸发现象,而温包会因纱布水分蒸发需要吸收热量,热量靠由空气传到水银球来补充。因此,水银球的温度比空气的温度低,此时,测得的温度称为湿球温度。

不饱和状态下的室内空气湿球温度低于干球温度,形成一定的温度差,这种温度计就是利用该温度差来测量室内的相对湿度。当室内水蒸气分压力与饱和水蒸气压力的比值越小时,其温差就越大;干、湿球温差越大,相对湿度就越小。利用这种关系制作的温度计,称为干湿球温度计。

3. 露点温度

当大气中含水蒸气时,随着大气温度的下降而使水蒸气开始冷却,当达到某一温度时,蒸汽就开始凝结,故把这个温度称为露点。此时的水蒸气会使空气达到饱和状态,空气中含湿量越大,空气的露点温度就越高。如把已达到露点的空气进一步降温,空气中的水蒸气就会开始凝结成水滴,这称为结露现象。

4. 冷、热负荷

冷负荷的定义是为保持建筑物的热湿环境和所要求的室内温度,必须由空调系统从房间带走的热量,也称为空调房间冷负荷;或在某一时刻需向房间供应的冷量称为冷负荷,冷负荷包括显热量和潜热量两部分。相反,如果空调系统需要向室内供热,以补偿房间损失热量而向房间供应的热量称为热负荷。

5. 制冷剂

制冷剂在蒸发器内吸取被冷却物体或空间的热量而蒸发，通过冷凝器将热量传递给周围介质而被冷凝成液体。制冷系统借助制冷剂状态的变化，从而实现制冷的目的。

制冷剂的种类很多，常用制冷剂有 R22、R13、R134a、R123、R142、R502、R717 等，其中氟利昂（R22）对地球臭氧具有损害性，现已逐渐推广使用环保冷媒 R134a。

4.3.2 空调系统的组成

空调系统一般由冷热源及空气处理设备、空调风系统、空调水系统、控制调节装置构成。

1. 冷热源

冷热源是指为空调系统提供冷量和热量的成套设备。常用热源一般包括热水、蒸汽锅炉、电锅炉、热泵机组、电加热器等。

冷源包括天然冷源和人工冷源。天然冷源是指利用深井水、山涧水、温度较低的河水和天然冰等。天然冷源受时间、气候、区域等条件的限制，不能满足现代空调的要求，这时就需要人工冷源，即利用制冷机组制取冷量。

常用的制冷机组有：电动压缩式制冷机组，包括活塞式、螺杆式、离心式等；溴化锂吸收式制冷机组，包括蒸汽和热水型溴化锂吸收式制冷机组、直燃型溴化锂吸收式冷（温）水机组。

2. 空气处理设备

空气处理设备是对空气进行加热或冷却，加湿或除湿、净化处理等的设备，俗称末端设备。喷水室、空气加热器、空气冷却器、空气加湿器、除湿器、空气蒸发冷却器等属于满足热湿处理要求的末端设备。除尘式净化处理设备和除气式净化设备属于满足洁净度要求的末端设备。常见的除尘式净化处理设备有初效过滤器、中效过滤器及高效过滤器。常见的除气式净化设备有活性炭过滤器和光催化过滤器。

3. 空调风系统

空调风系统由风机和风管系统组成，其中风管系统包括通风管道（含软接风管）、各类阀部件（调节阀、防火阀、消声器、静压箱、过滤器等）、末端风口等。

4. 空调水系统

空调水系统由冷却塔、水泵、冷冻水、冷凝水、冷却水、系统的管道、软连接、空调水控制阀、仪器仪表（压力表）等组成，可分为冷冻水系统、冷却水系统和冷凝水系统三种。

其中，空调水控制阀按功能不同可分为关断阀、自动排气阀、浮球阀、止回阀、压差控制器、稳压阀六大类。

（1）关断阀起到关闭水流的作用，包括闸阀、球阀、截止阀、蝶阀等。

（2）自动排气阀的作用是将水循环中的空气自动排出。它是空调系统中不可缺少的阀类，一般安装在闭式水路系统的最高点和局部最高点。

（3）浮球阀起到自动补水和恒定水压的作用，一般用于膨胀水箱和冷却塔处。

（4）止回阀主要用于阻止介质倒流，安装在水泵的出水管上。

（5）压差控制器的作用主要在于维持冷冻水/热水系统能够在末端负荷较低的情况下，保证冷冻机/热交换器等设备的正常运转。

（6）稳压阀起到有效降低阀后管路和设备的承压，从而替代水系统的竖向分区的作用。

5．控制调节装置

控制调节装置的作用是调节空调系统的冷量、热量和风量等，使空调系统的工作适应空调工况的变化，从而将室内空气状况控制在要求的范围内。控制调节装置包括消声器、防火阀、调节阀、电动阀等部件。

4.3.3 空调系统的分类

1．按室内空气的质量要求分类

1）恒温恒湿空调系统

恒温恒湿空调是对室内温度及湿度波动和区域偏差控制要求严格的空调，属于工艺性空调的一种。恒温恒湿空调广泛应用于电子、光学设备、化妆品、医疗卫生、生物制药、食品制造、各类计量、检测及实验室等行业。

2）洁净空调系统

不仅对温度和湿度有特殊要求，对环境的洁净度也有要求的一些特殊场合，常选用洁净空调系统，如电子工业精密仪器生产加工车间和一些医疗用房。

3）一般空调系统

一般空调系统适用于对房间内温度和湿度不要求恒定，随着室外气温的变化，室内温湿度允许在一定范围内波动的场合，如体育场、宾馆、办公写字楼等公共建筑物。

2．按空调机组处理空气的集中程度分类

1）集中式空调系统

集中式空调系统是将空气处理设备和送、回风机等集中设置在空调机房内，通过风管与空调房间相连，对空气进行集中处理和分配。

集中式空调系统有集中的冷源和热源，分别称为冷冻站和热交换站。集中式空调系统处理空气量大，运行可靠，便于管理和维修，是工业空调和大型民用公共建筑采用的比较基本的空调形式。

集中式空调系统的主要优点如下。

（1）空调设备集中设置在专门的空调机房里，管理维修方便，也容易消声防振。

（2）空调机房可使用较差的建筑面积，如地下室、屋顶间等。

（3）可根据季节变化调节空调系统的新风量，节约运行费用。

（4）使用寿命长，初投资和运行费比较少。

集中式空调系统的主要缺点如下。

（1）用空气作为输送冷热量的介质，需要的风量大，风道又粗又长，占用建筑空间较多，施工安装工作量大，工期长。

(2) 一个系统只能处理一种送风状态的空气,当各房间的热、湿负荷的变化规律差别较大时,不便于运行调节。

(3) 当只有部分房间需要空调时,仍然要开启整个空调系统,造成能源浪费。

2) 半集中式空调系统

半集中式空调系统是将二次空气处理设备分散在空调房间,如风机盘管、诱导器等,可满足不同房间对温度、湿度的不同要求。

与集中式空调系统相比,这类系统省去了回风管道,节省了建筑空间。室内热、湿负荷主要由通过末端装置的冷(热)水来负担,由于水的比热容和密度较大,因而输水管径较小,有利于敷设和安装,特别适用于高层建筑。

3) 分散式空调系统

分散式空调系统也可称为局部式空调系统,它的特点是可根据需要灵活分散地布置在房间内的适当位置,不需要设置单独的机房,使用灵活,移动方便,可满足不同空调房间的不同送风要求,并且各房间之间没有风道相同,有利于防火。常见的分体式空调就属于此类。

3. 按负担室内负荷的工作介质分类

1) 全空气式空调系统

空调房间的冷热负荷全部由经过处理的空气来负担的空调系统称为集中式空调系统,即全空气式空调系统。由于该系统中的冷热负荷全部由空气负担,当空调房间面积较大时,不建议采用这种空调系统。原因是当房间面积较大时,空调冷热负荷和送风量也会较大,就会存在风管断面尺寸过大,占据建筑有效空间的问题。如果缩小风管尺寸,会导致风管内风速过大,产生较大的噪声,同时形成的流动阻力也会加大,运行消耗的能量也会增加。

2) 全水式空调系统

空调房间的冷热负荷全部由水来负担的系统称为全水式空调系统。相比空气,水的比热容更大,单位体积的水所携带的冷量或热量也比空气要大得多,故在空调房间冷热负荷相同的条件下,只需要较小的水量就能满足空调系统的要求。因此,当空调冷热负荷较大时,更适合采用全水式空调系统。不设新风的独立风机盘管系统就属于全水式空调系统。

在实际应用中,仅靠冷(热)水来消除空调房间的余热和余湿,并不能解决房间新鲜空气的供应问题,因而通常不单独采用全水式空调系统。

3) 空气-水式空调系统

空调房间的冷热负荷一部分由集中处理的空气负担,另一部分由水负担的系统,称为空气-水式空调系统。这种系统是全空气式空调系统与全水式空调系统的综合应用,它既解决了全空气式空调系统因风管断面尺寸大而占据较多有效建筑空间的问题,也解决了全水式空调系统空调房间的新鲜空气供应问题。因此,这种空调系统特别适合大型建筑和高层建筑。目前,高层建筑中普遍采用的风机盘管加新风系统和有盘管的诱导器系统均属于此类。

4) 制冷剂式空调系统

制冷剂式空调系统是以制冷剂为介质,直接对室内空气进行加热或冷却。家用分体式空调器的室内机实际就是制冷系统中的蒸发器,在其内设置风机迫使室内空气产生流动,与蒸发器表面发生对流换热,从而实现室内温度的升高或降低;室外机就是制冷系统中的压缩机和冷凝器,其内设置轴流风机,迫使室外的空气以一定的流速流过冷凝器的换热表面,带走制冷剂在冷凝器中冷却放出的热量。

4. 根据空气的来源分类

1) 全新风空调系统

全新风空调系统又称为直流式空调系统,是指送入室内的空气全部来自室外新鲜空气,经集中处理后送入室内的系统,也称为全新风系统。根据新风、回风混合过程的不同,可分为一次回风系统和二次回风系统。

2) 混合空调系统

混合空调系统是指送入室内的风一部分来自室外新风,另一部分来自空调房间的回风,两部分混合后送入室内。这类系统的优点是节约电耗,按混合情况可分为一次回风系统和二次回风系统。

(1) 一次回风系统。

回风与室外新风在喷水室(或表冷器)前混合,是一种应用比较广泛的系统。

(2) 二次回风系统。

回风与室外新风在喷水室(或表冷器)前混合并经热湿处理后,再次与回风混合。二次回风系统与一次回风系统相比,既满足了送风温差的要求,又节省了再热量,但机械露点较低,制冷系统运转效率低。

3) 封闭式空调系统

封闭式空调系统又称为循环式空调系统,所处理的空气全部来自空调房间本身,此系统不设新风口和排风口,经济性较好,但卫生效果差,适用于人员很少进入或不进入的场所。

4.3.4 空调系统的制冷系统

空调制冷系统通过制备冷冻水提供冷量,主要由制冷设备、冷冻水系统和冷却水系统组成。

1. 制冷原理

制冷的本质是把热量从某物体中取出来,使该物体的温度低于环境温度,实现变"冷"的过程。根据能量守恒定律,这些取出来的热量不可能消失,因此制冷过程必定是一个热量的转移过程。根据热力学第二定律,不存在不花费代价就能实现能量的转移,热量的转移过程必定要消耗功。所以制冷过程就是消耗一定的能量,把热量从低温物体转移到高温物体或环境中的过程。所消耗的能量在做功的过程中也转化成热量排放到高温物体或环境中。

制冷过程的实现需要借助一定的介质——制冷剂,利用"液体气化吸收热量"的原理,将空调房间的热量吸收到制冷剂中,再利用"气体液化放出热量"的原理,将制冷剂中的热量排放到室外环境或其他物体中。由于制冷剂相变时吸热或放热过程,需要改变制冷剂相变时的热力工况,使液态制冷剂气化时处于低温、低压状态,而气态制冷剂液化时处于高温、高压状态。实现这种不同压力变化的过程，必定要消耗功。目前应用最多的是蒸汽压缩式制冷和溴化锂吸收式制冷。

1) 蒸汽压缩式制冷

蒸汽压缩式制冷机的机组是由压缩机、冷凝器、膨胀阀及蒸发器组成的封闭循环系统。此系统利用液态制冷剂在一定压力和低温下，吸收周围空气或物体的热量气化，从而达到制冷的目的。蒸汽压缩式制冷工作原理图如图 4-12 所示。

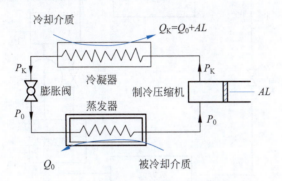

图 4-12　蒸汽压缩式制冷工作原理图

蒸发过程：节流降压后的制冷剂液体（混有饱和蒸汽）进入蒸发器，从周围介质吸热蒸发成气体，实现制冷。在蒸发过程中，制冷剂的温度和压力保持不变。从蒸发器出来的制冷剂已成为干饱和蒸汽或稍有过热度的过热蒸汽。物质由液态变成气态时要吸热，这就是制冷系统中使用蒸发器吸热制冷的原因。

压缩过程：压缩机是制冷系统的"心脏"，在压缩机完成对蒸汽的吸入和压缩过程中，把从蒸发器出来的低温低压制冷剂蒸汽压缩成高温高压的过热蒸汽。压缩蒸汽时，压缩机要消耗一定的外能即压缩功（电能）。

冷凝过程：从压缩机排出来的高温高压蒸汽进入冷凝器后与冷却剂进行热交换，使过热蒸汽逐渐变成饱和蒸汽，进而变成饱和液体或过冷液体。冷凝过程中制冷剂的压力保持不变。物质由气态变为液态时要放出热量，这就是制冷系统要使冷凝器散热的道理。冷凝器的散热常采用风冷或水冷形式。

节流过程：从冷凝器出来的高压制冷剂液体通过膨胀阀或毛细管被节流降压，变为低压液体，然后进入蒸发器重复上述的蒸发过程。

上述四个过程依次不断循环，从而达到持续制冷的目的。

2) 溴化锂吸收式制冷

溴化锂吸收式制冷机主要由发生器、冷凝器、蒸发器和吸收器四个部分组成。以溴化锂为吸收剂，以水为制冷剂，利用溴化锂水溶液在常温下（尤其是在较低温度时）吸收水蒸气的能力较强，在高温时又能将所吸收的水分释放出来的特性，通过水在低压下蒸发吸热而实现制冷的目的。溴化锂吸收式制冷工作原理图如图 4-13 所示。

从发生器出来的高温高压的气态水在冷凝器中放热后凝结为高温高压的液态水，经节流阀降温降压后进入蒸发器。在蒸发器中，低温低压的液态水吸收冷冻水的热量后气化成蒸汽，蒸汽返回吸收器中。在吸收器中，从蒸发器来的低温低压的蒸汽被发生器来的浓度较高的液态溴化锂水溶液吸收,通过溶液泵加压后送入发生器。在发生器中溴化锂水溶液用外界提供的工作蒸汽加热,升温升压,其中沸点低的水吸热后变成高温高压的水蒸气,与沸点高的溴化锂溶液分离,重新进入冷凝器,完成了一次循环过程。

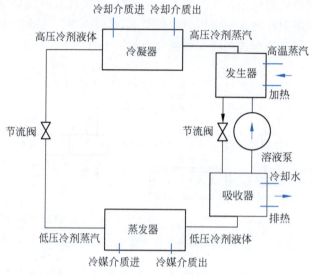

图 4-13 溴化锂吸收式制冷工作原理图

2. 空调制冷的管道系统

1) 冷冻水系统

在空调系统中,冷冻水系统是向用户供应冷量的管道系统,可将由制冷设备制备的冷冻水输送到空气处理设备,是集中式、半集中式空调系统的重要组成部分。按水压特性可分为开式系统和闭式系统。

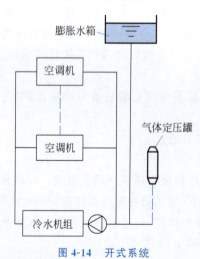

图 4-14 开式系统

(1) 开式系统。

开式系统的末端管路与大气相通,冷媒回水集中进入建筑物的回水箱或蓄冷水池内,再由循环泵将回水送入冷水机组的蒸发器内,经重新冷却后再输送至整个系统,如图 4-14 所示。

开式系统的冷水箱有一定的蓄冷能力,可减少开启冷冻机的时间,增加能量调节能力,且冷水温度波动可以小一些。但由于开式系统的冷水与大气接触,易腐蚀管路,此外如果喷水室较低,不能直接自流回到冷冻站时,则需增加回水池和回水泵,投资较高。

(2) 闭式系统。

闭式系统又称压力式回水系统,该系统的水在封闭管路中循环流动,管路系统不与大气接触,在系统最高点设膨胀水箱,并有排气和泄水装置,如图 4-15 所示。当空调系统采用风机盘管、诱导器和水冷式表冷器冷却时,冷水系统宜采用闭式系统。

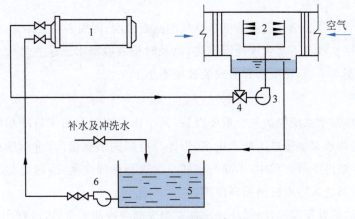

图 4-15 闭式系统

1—壳管式蒸发器；2—自调淋水室；3—淋水泵；4—三通阀；5—回水池；6—冷冻水泵

闭式系统的优点是：①管道与设备不易腐蚀；②不需要提升高度的静水压力，循环水泵压力低，从而水泵功率小；③由于没有储水箱，不需重力回水，以及回水不需另设水泵等，因而投资少、系统简单。

2）冷却水系统

当冷水机组或独立式空调机采用水冷式冷凝器时，应设置冷却水系统。冷却水系统主要是将冷凝器放出的热量散发到室外大气中，由冷水机组或空调机组的水冷冷凝器、供回水管道以及冷却水循环水泵（以下简称冷却水泵）和冷却塔组成。按供水方式的不同，冷却水系统可分为直流式供水系统和循环供水系统。

直流式供水系统将河水、井水或自来水直接压入冷凝器，升温后的冷却水直接排入河道或下水道。该系统设备简单、易于管理，但耗水量较大。

循环供水系统利用冷却水泵将通过冷凝器后温度较高的冷却水压入冷却装置，经过降温处理后再送入冷凝器循环使用。冷却水降温系统按通风方式不同可分为自然通风冷却系统和机械通风冷却系统。

(1) 自然通风冷却系统。

自然通风喷水冷却系统是用冷却塔或冷却喷水池等构筑物，使冷却水降温后再送入冷凝器的循环冷却系统，如图 4-16 所示。该系统适用于当地气候条件适宜的小型冷冻机组。

(2) 机械通风冷却系统。

机械通风冷却系统是采用机械通风冷却塔或喷射式冷却塔，使冷却水降温后再送入冷凝器的循环冷却系统。该系统适用于气温高、湿度大，采用自然通风冷却方式不能达到冷却效果的情况。

目前的民用建筑，特别是高层民用建筑，大量采用循环水冷却方式，以节省水资源。

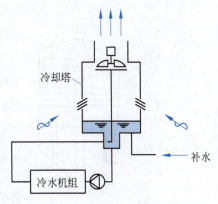

图 4-16 循环水冷却的系统

3）空调冷凝水系统

空调器中表冷器表面温度通常低于空气的露点温度,因而表面会结露,需要用水管将空调器底部的接水盘与下水管或地沟连接,以及时排放冷凝水。这些排放空调器冷凝水的管路称为冷凝水系统,冷凝水管的安装坡度不小于0.3%。

3. 冷却塔

冷却塔是冷却水系统中的一个重要设备,其工作原理是利用来自冷却塔的较低温度的冷却水,经冷却水泵加压进入冷水机组,带走冷凝器的散热量后,重新送至冷却塔上部喷淋,冷却水在喷淋下落过程中,不断与室外空气进行热湿交换,冷却后落入冷却塔集水盘中,由水泵重新送入冷水机组循环使用。

由于不断的蒸发及漏损,每循环一次都要损失部分冷却水量,占冷却水量的0.3%～1%。冷却水可通过自来水补充。

根据水与空气相对运动的方式不同,冷却塔可分为逆流式冷却塔和横流式冷却塔两种。

1）逆流式冷却塔

逆流式冷却塔由外壳、管、出水管、进水管、集水盘及进风百叶等主要部分组成,如图4-17所示。

在风机的作用下,空气从塔下部进入,顶部排出。空气与水在竖直方向逆向而行,热交换效率较高。冷却塔的布水设施对气流有阻力,布水系统维修不方便。

2）横流式冷却塔

横流式冷却塔与逆流式冷却塔的组成基本相同,如图4-18所示。空气从水平方向横向穿过填料层,然后从冷却塔顶部排出,水从上至下穿过填料层,空气与水的流向垂直。横流式冷却塔的热交换效率不如逆流式冷却塔。横流式冷却塔的气流阻力小,维修方便,一般大型的冷却塔都采用横流式冷却塔。

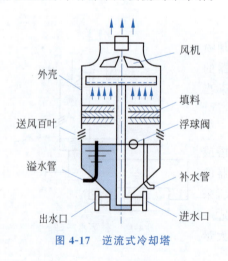

图4-17 逆流式冷却塔

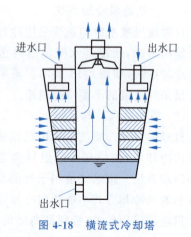

图4-18 横流式冷却塔

任务 4.4　通风空调系统的施工工艺

4.4.1　通风空调系统的常用材料

1. 板材

通风工程中常用的板材有金属板材和非金属板材两大类,其中金属板材有普通薄钢板、不锈钢板、铝板、塑料复合钢板等。

1) 普通薄钢板

普通薄钢板分为镀锌钢板(俗称白铁皮)和非镀锌钢板(俗称黑铁皮),常见钢板厚度为 0.35~4mm,具有良好的可加工性,可制作成圆形、矩形及各种管件。其连接简单,安装方便,质轻并具有一定的机械强度及良好的防火性能,密封效能好,有良好的耐腐蚀性能。但薄钢板的保温性能差,运行时噪声较大,防静电差。

镀锌薄钢板不易锈蚀,表面光洁,宜用于作为空调及洁净系统的风道材料。

2) 不锈钢板

不锈钢板在空气、酸及碱性溶液或其他介质中有较高的化学稳定性,因而多用于化学工业中输送含有腐蚀性气体的通风系统。由于不锈钢板的机械强度比普通钢板高,故在选用时板厚可以小一些。

3) 铝板

铝板以铝为主,加入铜、镁、锰等制成铝合金,使其强度得到显著提高,塑性和耐腐蚀性也很好,摩擦时不易产生火花,常用于通风工程中的防爆系统。

4) 塑料复合钢板

塑料复合钢板是在普通钢板表面上喷涂一层 0.2~0.4mm 厚的塑料层。这种复合钢板的强度大、耐腐蚀,常用于防尘要求较高的空调系统和温度在－10~70℃以下耐腐蚀系统的风道制作。塑料复合钢板规格通常以"短边×长边×厚度"表示。

2. 垫料

每节风管两端法兰接口之间要加衬垫,衬垫应具有不吸水、不透气、耐腐蚀、弹性好等特点。垫料的厚度一般为 3~5mm。目前,在一般通风空调系统中应用较多的垫料是橡胶板。

4.4.2　通风空调系统管道的安装

1. 通风管道的安装

通风管道及阀部件大多根据工程需要现场加工制作,可根据工程不同要求加工成圆形和矩形。

圆形风道的强度大、阻力小、耗材少,但占用空间大,不易与建筑配合。对于流速高、管径小的除尘和高速空调系统或是需要暗装时可选用圆形风道。

矩形风道容易布置,易于和建筑结构配合,便于加工。低流速、大断面的风道多采用矩形风道。

风道在输送空气过程中,如果要求管道内空气温度维持恒定,应采用带保温的通风管道。

2. 风管支、吊架的安装

风管支、吊架一般用角钢、扁钢和槽钢制作而成,形式有吊架、托架和立管夹等。风管沿着墙、柱、楼板、屋架或屋梁敷设,安装在支架上;风管敷设在楼板、屋面大梁和屋架下面,离墙柱较远时,常用吊架来固定风管。

注意支架不能设置在风口、阀门、检查孔及自控机构处,也不得直接吊在法兰上。离风口或插接板的距离不宜小于 200mm。当水平悬吊的主、干管长度超过 20m 时,应设置防止摆动的固定点,每个系统不少于 2 个。安装在托架上的圆风管应设置圆弧木托座和抱箍,外径与管道外径一致,其夹角不宜小于 60°。矩形保温风管支架宜设在保温层外部,并不得损伤保温层。铝板风管钢支架应进行镀锌防腐处理。不锈钢风管的钢支架应按设计要求喷刷涂料,并在支架与风管之间垫非金属块。塑料风管支架接触部位垫 3～5mm 厚的塑料板,并且其支管需单独设置管道支吊架。

3. 风管的制作与连接

1) 风管的制作

风管的制作方式选用取决于风管的材质与厚度,常用的制作方法有咬口连接、铆钉连接和焊接连接。

(1) 咬口连接。

咬口连接适用于厚度 $\delta \leqslant 1.2$mm 的薄钢板、厚度 $\delta \leqslant 1.0$mm 的不锈钢板、厚度 $\delta \leqslant 1.5$mm 的铝板。常用的咬口有单咬口、立咬口、转角式咬口、联合角咬口、接扣式咬口,如图 4-19 所示。

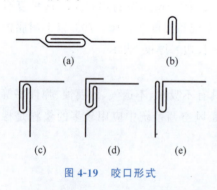

图 4-19 咬口形式

(2) 铆钉连接。

通风工程中板与板的连接很少使用铆钉连接,一般适用于管壁厚度 $\delta \leqslant 1.5$mm 时,风管与角钢法兰之间的连接。

(3) 焊接连接。

焊接连接适用于厚度 $\delta > 1.2$mm 的薄钢板、厚度 $\delta > 1.0$mm 的不锈钢板、厚度 $\delta > 1.5$mm 的铝板,在通风空调工程中应用广泛。

2) 风管的连接

法兰连接主要用于风管与风管或风管与部件、配件之间的连接。法兰连接时,按设计要求确定垫料后把两个法兰先对正,穿上几个螺栓并戴上螺母,暂时不要紧固,待所有螺栓都穿上后,再把螺栓拧紧。为避免螺栓滑扣,紧螺栓时应按十字交叉、逐步均匀地拧紧。连接好的风管,应以两端法兰为准,拉线检查风管连接是否平直。

常用的法兰连接有角钢法兰和扁钢法兰。

4．风管的安装

1）风管的预安装

把加工制作完的风管及配件,在安装现场的地面上,按顺序组对、复核,同时检查风管和配件的质量。若满足现场要求,方可正式安装。

2）风管的安装方法

（1）风管的连接长度应按风管的壁厚、法兰与风管的连接方法、安装的结构部位和吊装方法等因素依据施工方案来决定。为了安装方便,在条件允许的情况下,尽量在地面上进行连接,一般可接至10~12m。

（2）风管穿墙、楼板一般要设预埋管或防护套管,钢套管板材厚度不小于1.6mm,高出楼面20mm,套管内径应以能穿过风管法兰及保温层为准。需要封闭的防火、防爆墙体或楼板套管内,应用不燃且对人体无害的柔性材料封堵。

（3）钢板风管安装完毕后需除锈、刷漆,若为保温风管,只刷防锈漆,不刷面漆。

（4）风管穿屋面应做防雨罩。

（5）风管穿出屋面高度超过1.5m,应设拉索。拉索用镀锌铁丝制成,并不少于3根。拉索不应拉在避雷针或避雷网上。

（6）聚氯乙烯风管直管段连续长度大于20m时,应按设计要求设置伸缩节。

5．风管的检测

风管的强度试验在1.5倍工作压力下进行强度试验,风管接口处无开裂,则风管强度试验合格。

风管的严密性检测方法有漏光检测法和漏风量检测法两种。在加工工艺得到保证的前提下,低压系统可采用漏光检测法,按系统总量的5%抽检且不得少于一个系统。检测不合格时,应按规定抽检率作漏风量检测。

中压系统风管的严密性检测应在系统漏光检测合格后,对系统进行漏风量的抽查检测,抽检率为20%,且不得少于一个系统。

高压系统风管的严密性检测为全部进行漏风量检测。

被抽查进行严密性检测的系统,若检测结果全部合格,则视为通过;若检测结果有不合格时,则应再加倍抽查,直至全数合格。

1）漏光检测法

对于一定长度的风管,在周围漆黑的环境下,用一个电压不高于36V、功率100W以上的带保护罩的灯泡,在风管内从其一端缓缓移向另一端。若在风管外能观察到光线射出,说明有较严重的漏风,应做好记录,以备修补。

对系统风管密封性检测,宜分段进行。当采用漏光法检测系统严密性时,低压系统风管以每10m接缝漏光点不大于2处,且100m接缝漏光点平均不大于16处为合格;中压系统风管以每10m接缝漏光点不大于1处,且100m接缝漏光点平均不大于8处为合格。

2）漏风量检测法

漏风量测试装置由风机、连接风管、测压仪表、节流器、整流栅和风量测定装置等组成。系统漏风量测试可整体或分段进行。试验前先将连接风口的支管取下,将风口等所有开口处密封。利用试验风机向风管内鼓风,使风管内静压上升到规定压力并保持,此刻进风量等于漏风量。该进风量用设置于风机与风管间的孔板和压差计来测量,风管内的静压则由另一台压差计测量。漏风量小于相应系统允许的漏风量为合格。

4.4.3 通风系统部件的安装

1. 风阀的安装

通风(空调)系统安装的风阀有多叶调节阀、三通调节阀、蝶阀、防火阀、排烟阀、插板阀、止回阀等。风阀安装前应检查其框架结构是否牢固,调节装置是否灵活。安装时应使风阀调节装置设在便于操作的部位。

2. 风口的安装

风口与管道的连接应紧密、牢固;边框与建筑面贴实,外表面应平整不变形;同一房间内相同风口的安装高度应一致,排列整齐。各种不同类型风口安装时,应按有关规定进行。

风口在安装前和安装后都应扳动一下调节柄或杆。安装风口时,应注意风口与房间的顶线和腰线协调一致。风管暗装时,风口应服从房间的线条。吸顶安装的散流器应与顶面平齐,散流器的每层扩散圈应保持等距,散流器与总管的接口应牢固可靠。

3. 排气罩的安装

排气罩的安装位置应正确,牢固可靠,支架不得设置在影响操作的部位。用于排出蒸汽或其他气体的伞形排气罩,应在罩口内边采取排除凝结液体的措施。

4. 柔性短管的安装

柔性短管的安装用于风机与空调器、风机等设备与送风风管间的连接,以减少系统的机械振动。柔性短管的安装应松紧适当,不能扭曲。

4.4.4 通风空调设备的安装

1. 通风机的安装

施工现场应先开箱检查各部件是否连接紧密,是否符合设计要求,以及有无缺损情况等,如发现问题应予以修理及调整。在安装风机前,应仔细阅读使用说明书及产品样本,熟悉和了解风机的规格、型号和气流进出方向等,并对设备基础进行全面检查,检查位置、尺寸是否符合,标高是否正确;预埋地脚螺栓或预留地脚螺栓孔的位置及数量应与通风机及电动机上地脚螺栓孔相符。

1) 轴流式风机的安装

轴流式风机应检查叶片根部是否损伤、紧固螺母有无松动,可调叶片的安装角度应符合设备技术文件的要求。常见的安装方法如下。

(1) 卧地式安装。

卧地式安装是将减振器通过连接螺栓固定于风机机座,用中心高调整垫板调节各减振器水平高度,用固定螺栓将风机固于已焊接在基础上的连接钢板上,如风机由于抗震等原因无须减振器,则将风机机座上的螺孔与基础上的预埋螺栓直接连接即可。

(2) 侧墙卧式安装。

侧墙卧式安装的基本要求与卧地式安装相同,只是安装托架做成斜臂支撑式,托架要有足够的强度和刚度。

(3) 悬挂式安装。

悬挂式安装需先将减振器与轴流风机用螺栓连接成一体,减振器对称安装,布置于风机重心两侧,直接将风机插入安装于悬挂支架,悬挂支架的高度由用户自定。

(4) 立式安装。

立式安装与卧地式安装方式一致,对风机基础的强度与刚度要求更严格。风机与两端管道的连接必须采用挠性接头,以隔离振动和保护风机。

2) 离心式风机的安装

检查离心式风机时,应将机壳和轴承箱拆开,并清洗转子、轴承箱体和轴承,然后将风机机壳放在基础上。安装时将机壳放在基础上,放正并穿上地脚螺栓(暂不拧紧),再把叶轮、轴承和带轮的组合体吊放在基础上,叶轮穿入机壳,穿上轴承箱底座的地脚螺栓,将电动机吊装上基础,通过分别对轴承箱、电动机、风机进行找平、找正。找平用平垫铁或斜垫铁,找正以通风机为准,轴心偏差应在允许范围内,垫铁与底座之间焊牢。

在混凝土基础预留孔洞及设备底座与混凝土基础之间灌浆,灌浆的混凝土标号比基础的标号高一级,待初凝后再检查一次各部分是否平整,最后上紧地脚螺栓。为消除或减少噪声和保护环境,一般在设备底座、支架与楼板或基础之间设置减振装置,减振装置支撑点一般不少于4个。

2. 空调机组的安装

工程中常用的空调机组有窗式空调器、立柜式空调机组、装配式空调机组等。空调机组安装前应进行外观检查,检查转动设施是否完好,合格后再进行安装。

窗式空调器一般安装于窗台墙体或有可靠支撑的部位,应设置遮阳板和防雨罩,但不得阻碍冷凝器排风。凝结水盘安装应有坡向室外的坡度,内外高差10mm左右,以利于排水和防止雨水进入室内。电源接通后,先开动风机,检查其旋转方向是否正确。

立柜式空调机组可直接安装于平整的地面之上,无须基础,为减少振动,也可在四角垫20mm厚的橡胶垫。

装配式空调机组可安装于100mm高的混凝土基础上,按设计要求,机组下垫橡胶减振或减振器。装配式空调机组安装前应对机组外观进行检查,对表冷器或加热器等进行水压试验,试验压力为1.5倍工作压力,不得低于0.4MPa,试验时间为2~3min,合格后安装。各功能段之间采用专门的法兰连接,并用厚度为7mm的乳胶海绵板做垫料。机组中各功能段有左右之分,应按设计要求进行。机组安装完毕后应进行漏风量检测,其漏风量必须符合《组合式空调机组》(GB/T 14294—2008)的规定。检测数应为机组总数的20%,并不得少于1台;净化空调系1~5级全部检查,6~9级抽查50%。

3. 风机盘管及诱导器的安装

风机盘管及诱导器的安装工艺流程为:施工准备→电机检查试转→表冷器水压检验→放线→吊架制作安装→风机盘管安装诱导器安装→连接配管→检验。

风机盘管及诱导器安装前应进行外观检查,检查电动机机壳及表面换热器有无损伤、锈蚀等缺陷。

风机盘管及诱导器安装前每台应进行通电试验,机械部分应符合设计要求,电气部分不允许漏电。

风机盘管和诱导器应进行水压试验,试验压力为设计工作压力的 1.5 倍,观察 2~3min,不渗、不漏为合格。冬季施工时,试压完毕后应及时将水放掉,以防冻坏设备。

吊装的风机盘管应设置独立的吊架,吊杆不能自由摆动,保证风机盘管安装紧固平整。风机盘管凝水管安装应有坡度,坡度及坡向应正确,冷凝水盘应无积水现象。

4. 冷却塔的安装

在冷却塔下方不另设水池时,冷却塔应自带集水盘,集水盘应有一定的蓄水量,并设有自动控制的补给水管、溢水管及排污管。

多台冷却塔并联时,为防止并联管路阻力不等、水量分配不均匀,导致漏流的现象,各进水管上应设阀门,以调节进水量;同时在各冷却塔的底池之间,应选用与进水干管相同管径的平衡管连接;此外,为使各冷却塔的出水量均衡,出水干管宜采用比进水干管大两号的集管,并用 45°弯管与冷却塔各出水管连接。

冷却塔应安装在通风良好的地方,避免装在有热量产生或粉尘飞扬场所的下风向,并应布置在建筑的下风向。

单列布置的冷却塔的长边应与夏季主导风向相垂直,而双列布置时,长边应与主导风向平行。横流式冷却塔若为双面进风,应为单列布置;若为单面进风,应为双列布置。

任务 4.5　通风空调系统施工图的识读

4.5.1　通风空调系统施工图的组成与内容

通风空调工程施工图由图文与图样两部分组成。图文部分包括图纸目录、设计施工说明、设备材料表。图纸部分包括通风空调系统图、通风空调平面图、系统图(轴测图)、原理图、详图。

1. 图纸目录

图纸目录是将全部施工图进行分类编号,并完整地列出该工程设计图纸的名称、图号、工程号、图幅大小、备注等。一般作为施工图的首页,用于施工技术档案的管理。

2. 设计施工说明

通风空调施工图的设计施工说明应表明项目地点的气象数据、空调通风系统的划分及具体施工要求等;有时还附有风机、水泵、空调箱等设备的明细表。具体包括以下内容。

(1)施工建筑的项目概况。

(2)设计空调通风系统采用的设计气象参数。

(3)空调房间的设计条件。主要包括冬夏季节空调房间内的温度、相对湿度、平均风速、新风量、噪声等级、含尘量等。

（4）空调系统的划分与组成。主要包括系统编号、系统所服务的区域、送风量、设计负荷、空调方式、气流组织等。

（5）空调系统的设计运行工况（有自动控制系统时）。

（6）风管系统。主要包括统一规定、风管材料及加工方法、支吊架要求、阀门安装要求、减震做法、防腐保温等。

（7）水管系统。主要包括统一规定、管材、连接方式、支吊架做法、减震做法、保温要求阀门安装、管道试压、清洗等。

（8）设备。主要包括制冷设备、空调设备、水泵等的安装要求、设备基础要求等做法。

（9）油漆。主要包括风管、水管、设备、支吊架等的除锈、油漆要求及做法。

（10）调试和试运行方法及步骤。

（11）应遵守的施工规范、规定、图集等。

3. 设备材料表

设备材料表是将施工过程中用到的主要设备列成明细表，标明其名称、规格、数量等，以供施工备料时参考。

4. 通风空调系统平面图

通风空调系统平面图包括建筑物各层通风空调系统的平面图、空调机房平面图、制冷机房平面图等。在通风空调系统平面图中可以识读空气处理设备、风管系统、冷热媒管道、凝结水管道的平面位置关系。

（1）空气处理设备。应注明按产品样本要求或标准图集所采用的空调器组合段代号，空调箱内风机、表面式换热器、加湿器等设备的型号、数量以及该设备的定位尺寸。

（2）风管系统。主要包括风管系统的构成、布置及风管上各部件、设备的位置，并注明系统编号、送回风口的空气流向，一般用双线绘制。

（3）水系统。主要包括冷、热水管道，凝结水管道的构成、布置及水管上各部件、仪表、设备位置等，并注明各管道的介质流向、坡度，一般用单线绘制。

（4）尺寸标注。主要包括各管道、设备、部件的尺寸大小，定位尺寸以及设备基础的主要尺寸，还有各设备、部件的名称、型号、规格等。

除上述之外，还应标明图样中应用到的通用图、标准图索引号。

5. 通风空调系统图

通风空调系统图采用的三维坐标作用是从总体上表明所讨论系统的构成情况及各种尺寸、型号和数量等。

具体地说，系统图上包括该系统中设备、配件的型号、尺寸、定位尺寸、数量以及连接于各设备之间的管道在空间的曲折、交叉、走向和定位尺寸等。系统图上还应注明该系统的编号。系统图中，水、汽管道及通风管道均可用单线绘制。

6. 空调系统的原理图

空调系统原理图主要包括系统的原理和流程；空调房间的设计参数、冷热源、空气处理及输送方式；控制系统之间的相互连接；系统中的管道、设备、仪表、部件；整个系统控制点与测点之间的联系；控制方案及控制点参数，用图例表示的仪表、控制元件型号等。

7. 详图

详图用来表示在其他图纸中无法表达又必须表达清楚的内容,通风空调的详图包括风口大样图和设备管道的安装剖面图等。

风口大样图主要表明风口尺寸、安装尺寸、边框材质、固定方式、固定材料、调节板位置、调节间距等。通风机减振台座平面图表明台座材料类型、规格、布置尺寸。通风机械台座剖面图表明台座材料、规格(或尺寸)、施工安装要求方式等。

剖面图表明管道安装位置、规格、安装标高,风口安装位置、标高、类型、数量、规格,空调机、通风机等设备安装位置、标高及与通风管道的连接,以及送风道、回风道位置等。

4.5.2 通风空调系统施工图的一般规定

1. 风管的文字标注

圆形风管的截面定型尺寸应以直径符号"ϕ"后缀毫米为单位的数值表示,所注标高宜采用管中心标高的方式。

矩形风管的截面定型尺寸应以"$A \times B$"表示。A 为矩形风管的长,B 为矩形风管的宽。A、B 单位均为毫米(mm)。所注标高宜采用管底标高的方式。

风管的转向在平面图的画法如图 4-20 所示,在左侧 A 处可以看到弯头,垂直于竖直方向的风管用实线表达,在右侧 B 处看不到弯头,垂直于竖直方向的风管用虚线表达。

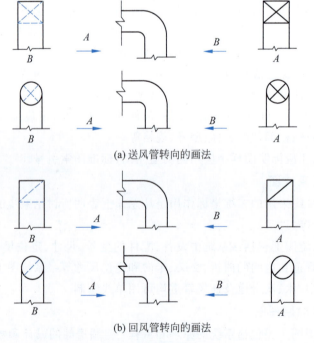

(a) 送风管转向的画法

(b) 回风管转向的画法

图 4-20 风管转向画法

2. 风口的文字标注

风口的文字标注代号和方法如表 4-1 和表 4-2 所示。

表 4-1　风口代号

风口代号	说明
AH	单层百叶风口
BH	双层百叶风口
CB	自垂百叶
W	防雨百叶
SD	方形散流器

表 4-2　风口表示方法

风口代号	风口尺寸
数量	风量

3. 通风空调系统施工图常用图例

二维码中列出一些通风空调系统施工图常用图例，供参考。

通风空调系统
常用图例

4.5.3　通风空调系统施工图的识读方法

在阅读通风空调系统整套施工图纸时，可以按照以下顺序进行阅读。

(1) 阅读图纸目录。根据图纸目录了解该工程图纸的概况，包括图纸张数、图幅大小及名称、编号等信息。

(2) 阅读施工说明。根据施工说明了解该工程概况，包括空调系统的形式、划分及主要设备布置等信息。在此基础上，确定哪些图纸代表着该工程的特点、属于工程中的重要部分，图纸的阅读就从这些重要图纸开始。

(3) 阅读有代表性的图纸。根据图纸目录，找出有代表性的图纸进行阅读。在空调通风施工图中，有代表性的图纸基本上都是反映空调系统布置、空调机房布置、冷冻机房布置的平面图，因此，空调通风施工图的阅读基本上是从平面图开始的，先阅读总平面图，然后阅读其他平面图。

(4) 阅读详图。对于平面图上没有表达清楚的地方，就要根据平面图上的提示和图纸目录找出详图进行阅读，包括立面图、侧立面图、剖面图等。对于整个系统可参考系统图。

(5) 阅读其他内容。在读懂整个空调通风系统的前提下，再进一步阅读施工说明与设备及主要材料表，了解空调通风系统的详细安装情况，同时参考加工、安装详图，从而完全掌握图纸的全部内容。

【任务思考】

项目案例实施

请结合"项目知识引领"的相关内容,完成"项目案例导入"的工作任务分解,并记录在表 4-3 工作任务记录表中。

表 4-3　工作任务记录表

班　级		姓　名		日　期	
案例名称	××市××办公楼项目通风空调系统施工图的识读				
学习要求	1. 掌握通风空调系统施工图识读方法 2. 能结合工程项目图纸提取通风空调系统施工图中的专业信息				
相关知识要点	1. 通风空调系统施工图表达的内容 2. 通风空调系统施工图的特点 3. 通风空调系统施工图识读顺序				
一、识读理论知识记录					
二、识读实践过程记录					
评价	自评(30%)	互评(40%)	师评(30%)	总成绩	
成绩					
评价人					

项目技能提升

一、选择题

1. 大型酒店客房和写字楼、办公楼应优先采用（　　），以利于灵活使用与调节。
   A. 集中式空调系统　　　　　　　　B. 房间空调器
   C. 风机盘管加新风机系统　　　　　D. 冷剂系统
2. 对温度和湿度进行精准控制的是（　　）。
   A. 恒温恒湿空调　　B. 洁净空调　　C. 一般空调　　D. 舒适性空调
3. 空调制冷系统中的制冷剂在（　　）中吸收热量。
   A. 压缩机　　　　　B. 蒸发器　　　C. 冷凝器　　　D. 膨胀阀
4. 风机盘管机组安装前宜进行单机三速试运转及水压检漏试验。试验压力为系统工作压力的（　　）倍，试验观察时间为 2min，不渗漏为合格。
   A. 1.1　　　　　　B. 1.15　　　　C. 1.2　　　　　D. 1.5
5. 在防火分区的风管应（　　）。
   A. 顺气流　　　　　B. 逆气流　　　C. 加设防火阀　　D. 加设风阀

二、填空题

1. 通风系统按照通风动力不同，可以分为_____和_____。
2. 风道的断面有_____和_____两种形状。
3. 风机可以分为_____和_____。
4. 空气调节可以对空气的_____、_____、_____、_____、_____等参数进行调节。
5. 咬口形式分为_____、_____、_____、_____和_____。

三、简答题

1. 通风的主要功能是什么？

2. 什么是离心风机？什么是轴流式风机？

3. 空调系统常用的冷源形式有哪些？

4. 空调的水系统分类有哪些？使用中有哪些具体形式？

5. 什么是集中式空调系统？它有哪些优势？

项目评价总结

请结合本项目的学习过程及技能提升训练情况，完成项目学习评价，并自主从项目的知识重难点、技能核心点、自我感受等方面对本项目进行梳理总结，并记录在表 4-4 项目评价总结表中。

表 4-4　项目评价总结表

序号	评价任务	评价标准	满分	自评	互评	师评	综合评价
1	通风系统的分类及特点	(1) 能够正确区分自然通风与机械通风	3				
		(2) 能够正确区分全面通风与局部通风	4				
2	通风系统的组成	(1) 掌握通风系统的组成	3				
3	空调系统	(1) 掌握空调系统的专业术语，如冷负热荷、制冷剂等	5				
		(2) 掌握空调系统的分类	10				
		(3) 能够正确理解空调系统的制冷系统原理与组成部分	5				
4	通风空调系统的施工工艺	(1) 掌握通风空调系统的常用材料	5				
		(2) 能够正确理解通风空调系统的安装工艺	4				
		(3) 掌握通风系统部件的安装方法	4				
		(4) 掌握通风空调设备的安装方法	2				
5	通风空调系统施工图的识读	(1) 掌握通风空调系统施工图的组成与内容	10				
		(2) 掌握通风空调系统施工图的一般规定	15				
		(3) 掌握通风空调系统施工图的识读方法	10				

续表

序号	评价任务	评价标准	满分	评价			综合评价
				自评	互评	师评	
6	动态过程评价	（1）严格遵守课堂学习纪律	5				
		（2）正确按照学习顺序记录学习要点，按时提交工作学习成果	5				
		（3）积极参与学习活动，例如课堂讨论、课堂分享展示、课后自主探究	10				
自我梳理总结							

项目 5　建筑防排烟系统

项目学习导图

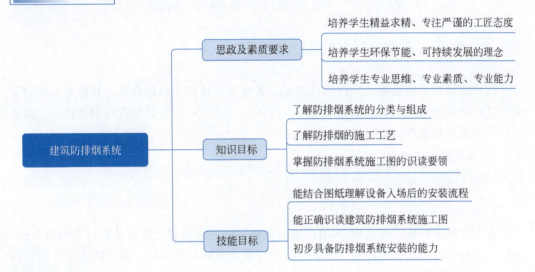

项目知识链接

(1)《民用建筑供暖通风与空气调节设计规范》(GB 50736—2016)

(2)《建筑防排烟系统技术标准》(GB 51251—2017)

(3)《通风与空调工程施工规范》(GB 50738—2011)

(4)《建筑设计防火规范》(GB 50016—2014)(2018 年版)

(5)《通风与空调工程施工质量验收规范》(GB 50243—2016)

项目案例导入

××市××办公楼项目建筑防排烟系统施工图的识读

➢ 工作任务分解

二维码中是××市××办公楼项目的防排烟系统施工图,图纸中的文字说明如何解读?图纸中各管段代表的含义是什么?图纸中的符号、数据如何解析?防排烟系统是如何安装的?安装过程什么技术要求?这一系列问题将在本项目内容的学习中逐一获得解答。

××市××办公楼项目防排烟系统施工图

➢ 实践操作指引

为完成前面分解出的工作任务,需掌握建筑防排烟系统的基本知识,学习防烟、排烟的组成、分类以及图例信息,进而学习用工程专业术语来表示施工做法,掌握施工图的识读方法。最关键的是结合工程项目图纸熟读施工图,掌握施工做法与施工过程,为建筑防排烟系统施工图的算量与计价打下扎实的基础。

项目知识引领

任务 5.1　建筑防排烟系统基本知识

5.1.1　建筑防排烟系统的定义与作用

建筑防排烟系统是指建筑内用以防止火灾烟气蔓延扩大的防烟系统和排烟系统的总称。建筑防排烟系统主要起到如下三方面的作用:①为安全疏散创造有利条件;②为消防扑救创造有利条件;③控制火势蔓延。

5.1.2　建筑防排烟系统的常用名词

1. 防火分区

防火分区是指采用防火墙、具有一定耐火极限的楼板及其他防火分隔设施分隔而成,能在一定时间内防止火灾向同一建筑的其余部分蔓延的局部空间。划分防火分区的目的在于有效控制和防止火灾沿垂直方向或水平方向向同一建筑物的其他空间蔓延;减少火灾损失,同时能够为人员安全疏散、灭火扑救提供有利条件。防火分区是控制耐火建筑火灾的基本空间单元,烟气控制的主要目的是在建筑物内创造无烟或烟气含量极低的疏散通道或安全区。烟气控制的实质是控制烟气合理流动,也就是使烟气不流向疏散通道、安全区和非着火区,而向室外流动。基于以上目的,通常用防烟与排烟两种方法对烟气进行有效控制。

2. 防烟分区

防烟分区是指在建筑室内采用挡烟设施分隔而成,能在一定时间内防止火灾烟气向同一建筑的其余部分蔓延的局部空间。采用挡烟垂壁、隔墙或从顶板下突出不小于 50cm 的结构梁等具有一定耐火性能的不燃烧体来划分防烟、储烟空间。

防火分区与防烟分区都是用于建筑物发生火灾时。当发生火灾时,物质燃烧会产生大量热量,烟气温度迅速升高,使金属材料强度降低,导致结构倒塌、人员伤亡。因此,利用防火分区防止火灾的扩大,利用防烟分区控制烟气合理流动显得尤为重要。

3. 防烟系统

防烟就是将烟气封闭在一定区域内,以确保疏散线路畅通、无烟气侵入。通常用加压防烟方式来实现对安全疏散区的防烟目的。加压防烟就是凭借机械力,将室外新鲜的空气送入应该保护的疏散区域,如前室、楼梯间、封闭避难层(间)等,以提高该区域的室内压力,阻挡烟气侵入。防烟系统通常由加压送风机、风道和加压送风口组成。

4. 排烟系统

排烟就是利用自然或机械作用力,将火灾时产生的烟气及时排出,防止烟气向防烟分区以外扩散。利用自然作用力的排烟称为自然排烟;利用排烟风机进行强行排烟称为机械排烟。机械排烟不受室外风力影响,工作可靠,但初投资较大。

排烟的部位有两类:着火区和疏散通道。着火区排烟的目的是将火灾发生的烟气(包括空气受热膨胀的体积)排到室外,降低着火区的压力,不使烟气流向非着火区,以利于着火区的人员疏散及救火人员的扑救。疏散通道的排烟是为了排除可能侵入的烟气,保证疏散通道无烟或少烟,以利于人员安全疏散及救火人员的通行。

任务 5.2 自然排烟与机械排烟

5.2.1 自然排烟

自然排烟是利用房间可开启的外窗、阳台、凹廊等,依靠火灾时发生的热压、风压或其他作用力将室内烟气排出。自然排烟有下列两种方式。

1. 利用外窗或专设的自动排烟窗

自动排烟窗平时作为自然通风设施,根据气候条件及通风换气的需要开启或关闭。当发生火灾时,在消防控制中心发出火警信号或直接接收烟感信号后开启,同时具有自动和手动开启功能。

2. 利用竖井排烟

利用竖井排烟即相当于专设一个烟囱,这种排烟实质上是利用烟囱的原理。在竖井的排出口设避风帽,还可以利用风压的作用。但烟囱效应产生的热压很小,而排烟量又大,因此需要竖井的截面和排烟风口的面积都很大,所以并不推荐使用这种排烟方式。

5.2.2 机械排烟

1. 机械排烟系统的组成

1)排烟风机

排烟风机一般可采用离心风机、排烟专用的混流风机或轴流风机,也有采用风机箱或屋顶式风机,如图 5-1 所示。排烟风机与加压送风机的不同在于,排烟风机应保证在 280℃的环境条件下能连续工作不少于 30min。

2)排烟管道

排烟管道采用不燃材料制作。常用的排烟管道采用镀锌钢板加工制作,其厚度按高压系统要求,并应采取隔热防火措施或与可燃物保持不小于 150m 的距离。

3)排烟防火阀

排烟防火阀安装在机械排烟系统的管道上,平时呈开启状态,火灾时当排烟管道内温度达到280℃时自动关闭,并在一定时间内满足漏烟量和耐火完整性要求,起隔烟阻火作用。排烟防火阀一般由阀体、叶片、执行机构和温感器等部分组成,如图5-2所示。

图5-1 排烟风机

图5-2 排烟防火阀

防火阀、排烟阀的基本分类见表5-1。

表5-1 防火阀、排烟阀基本分类

类别	名称	性能	用途
防火类	防火阀	空气温度70℃,阀门熔断器自动关闭,可输出联动电信号	用于通风空调系统的风管内,防止火势沿风管蔓延
	防烟防火阀	靠烟感器控制动作,用电信号通过电磁铁关闭(防烟),还可用70℃温度熔断器自动关闭(防火)	用于通风空调系统的风管内,防止火势沿风管蔓延
排烟类	排烟阀	电信号开启或手动开启,输出开启电信号、联动排烟风机开启	用于排烟系统的风管上
	排烟防火阀	电信号开启或手动开启,280℃温度熔断器防火关闭装置、输出电信号	用于排烟风机系统或排烟风机入口的管段上,当管道内烟气达280℃时排烟防火阀自动关闭

图5-3 排烟口

4)排烟口

排烟口安装在机械排烟系统的风管(风道)顶部或侧壁上作为烟气吸入口,如图5-3所示,平时呈关闭状态并满足允许漏风量要求,火灾时电信号开启,也可远距离缆绳开启,输出电信号联动排烟机开启,可设280℃温度熔断器重新关闭装置。

5)挡烟垂壁

挡烟垂壁是用于分隔防烟分区的装置或设施,可分为固定式和活动式。固定式可采用隔墙、楼板下不小于500mm的梁或吊顶下凸出不小于500mm的不燃烧体,如图5-4所示。活动式挡烟垂壁本体采用不燃烧体制作,平时隐藏于吊顶内或卷缩在装置内,如图5-5所示。当其所在部位温度升高、消防控制中心发出火警信号或直接接收烟感信号后,置于吊顶上方的挡烟垂壁迅速垂落至设定高度,限制烟气流动以形成"储烟仓",便于排烟系统将高温烟气迅速排出室外。

图 5-4　固定式挡烟垂壁

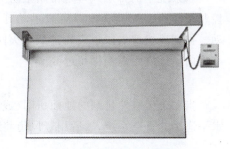

图 5-5　活动式挡烟垂壁

2. 机械排烟系统的安装位置

民用建筑的下列场所或部位应设置排烟系统。

(1) 设置在一、二、三层且房间建筑面积大于 $100m^2$ 的歌舞娱乐放映游乐场所,设置在四层及以上楼层地下或半地下的歌舞娱乐放映游乐场所。

(2) 中庭。

(3) 公共建筑内建筑面积大于 $100m^2$ 且经常有人停留的地上房间。

(4) 公共建筑内建筑面积大于 $300m^2$ 且可燃物较多的地上房间。

(5) 建筑内长度大于 20m 的疏散走道。

3. 机械排烟系统布置原则

机械排烟系统在布置时应考虑以下几项基本原则。

(1) 排烟气流应与机械加压送风的气流合理组织,并尽量考虑与疏散人流方向相反。

(2) 为防止风机超负荷运转,排烟系统竖直方向可分成数个系统,但不能采用将上层烟气引向下层的风道布置方式。

(3) 每个排烟系统设有排烟口的数量不宜超过 30 个,以减少漏风量对排烟效果的影响。

(4) 独立设置的机械排烟系统可兼作平时通风排气使用。

排烟系统的设计应考虑排烟效果、可靠性与经济性。高层建筑常见部位的机械排烟系统如图 5-6 所示。

4. 垂直布置的系统

垂直布置的系统适用于每层排烟位置相同的情况,如图 5-6(a)所示。当任何一层着火后,烟气将从排烟风口吸入,经管道、风机、百叶风口排到室外。布置形式通常有以下几类。

1) 常开型排烟风口

当系统中的排烟风口是常开型风口,每层的支管上都应装有排烟防火阀,它是一常闭型阀门,由控制中心通 24V 直流电开启或手动开启。当发生火灾温度达到 280℃时自动关闭,复位必须手动。当烟温达到 280℃时,也就是火灾发生一段时间后,人员已基本疏散完毕,排烟已无实际意义,此时烟气中已带火,阀门自动关闭,以避免火势蔓延。

2) 常闭型防火排烟口

当系统中的排烟风口是常闭型防火排烟口,取消支管上排烟防火阀。火灾时,风口由控制中心通24V直流电开启或手动开启,当烟温达到280℃时自动关闭,复位也必须手动。排烟风机房入口也应装排烟防火阀,以防火势蔓延到风机房所在层。注意排烟风口与室内最远点距离不得超过30m。

5. 水平布置的系统

当多个无自然排烟的地面房间(或防烟分区,如地下室)设置机械排烟时,每层宜采用水平连接的管路系统,然后用竖风道将若干层的子系统合为一个系统,如图5-6(b)所示。

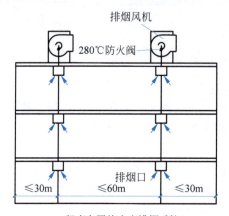

(a) 竖直布置的走廊排烟系统

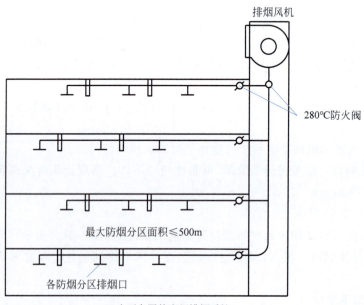

(b) 水平布置的房间排烟系统

图 5-6 机械排烟系统

任务 5.3　自然防烟与机械防烟

防烟系统是指采用机械加压送风方式或自然通风方式,防止烟气进入疏散通道等区域的系统。

5.3.1　自然防烟

自然防烟是采用自然通风的方式,利用热压或者风压的作用力,实现室内的烟气与室外新鲜空气之间流通,达到自然防烟的目的。

5.3.2　机械防烟

机械防烟又称机械加压送风系统,是指对建筑的防烟楼梯间、消防电梯前室或其他需要被保护的区域采用机械送风,与其他区域之间造成一定的压力差,使送风区域形成正压,防止烟气进入该区域的系统。

当防烟楼梯间加压送风而前室不送风时,楼梯间与前室的隔墙上还可能设有余压阀。下列部位应设置独立的机械加压送风的防烟设施。

（1）不具备自然排烟条件的防烟楼梯间、消防电梯间前室或合用前室。

（2）采用自然排烟措施的防烟楼梯间,其不具备自然排烟条件的前室。

（3）封闭避难层或封闭避难间。

机械加压送风系统由加压送风机、加压送风管、加压送风口及其自控装置等部分组成。

1. 加压送风机

工程中一般采用中、低压离心风机、混流风机或轴流风机,确保能够向防烟部位送入足够的新鲜空气,使气压高于其他部位,从而把烟气堵截于防烟部位之外。

2. 加压送风管

加压送风管道常采用不燃材料制作。

3. 加压送风口

加压送风口靠烟感器控制动作,电信号自动开启,也可手动(或远距离缆绳)开启,可设 280℃温度熔断器防火关闭装置,输出动作电信号,联动加压风机开启。加压送风口可分为常开式、常闭式和自垂百叶式。常开式即普通的固定叶片式百叶风口;常闭式采用手动或电动开启,常用于前室或合用前室;自垂百叶式平时靠百叶重力自行关闭,加压时自行开启,常用于防烟楼梯间。

现代建筑的房间起火引起火灾时,一般的疏散路线为:房间→走廊→楼梯间前室→

楼梯间→室外。而起火房间中所产生烟气的主要扩散流动路线为：房间→走廊→楼梯间前室→楼梯间→上部各楼层→室外。防止烟气侵入作为疏散通道的走廊、楼梯间及其前室，以确保有一个安全可靠、畅通无阻的疏散通道和安全疏散所需的时间，这是建筑物进行防排烟工程设计的根本任务。

依据上述原则，加压送风时应使防烟楼梯间压力＞前室压力＞走道压力＞房间压力，同时还要保证楼梯间与非加压区的压差不要过大，以免造成开门困难影响疏散。

我国现行规范规定，防烟楼梯间与非加压区的设计压差为 40～50Pa，防烟楼梯间前室、合用前室、消防电梯间前室、封闭避难层（间）为 25～30Pa。

任务 5.4 建筑防排烟系统施工工艺

5.4.1 风管管材

防排烟系统的风管应能在 280℃时，连续 30min 保证其结构完整性，通常采用镀锌钢板制成。

管道穿越防火隔墙、楼板和防火墙处的孔隙处应采用防火封堵材料进行封堵，穿越处风管上的防火阀、排烟防火阀两侧各 2m 范围内的风管应采用耐火风管或风管外壁应采取防火保护措施，且耐火极限不应低于该防火分隔体的耐火极限。当风管穿过需要封闭的防火、防爆的墙体或楼板时，应设置厚度为 2.0mm 的钢制防护套管；风管与防护套管之间应采用不燃型柔性材料封堵严密。

风机与风管连接处设不燃型柔性软管连接，长度为 150～300mm；风管穿越建筑沉降缝或变形处均设不燃型柔性软管连接，长度以沉降缝或变形缝的宽度加 100mm 及以上，软管应在 280℃环境下连续运行 30min 以上。软管连接处应严密牢固，不得破损，在软接处禁止变径。

法兰垫片的厚度宜为 3～5mm，垫片应与法兰齐平。普通风管可采用难燃型橡胶板、闭孔海绵橡胶板、密封胶带或其他闭孔弹性材料等垫片。所有排烟风管的法兰垫片必须采用不燃型材料。

5.4.2 管道耐火极限

1. 机械加压送风管道的设置和耐火极限的规定

（1）竖向设置的送风管道应独立设置在管道井内，当确有困难时，未设置在管道井内或与其他管道合用管道井的送风管道，其耐火极限不应低于 1.0h。

（2）水平设置的送风管道，当设置在吊顶内时，其耐火极限不应低于 0.5h；当未设置在吊顶内时，其耐火极限不应低于 1.0h。

2. 排烟管道的设置和耐火极限的规定

（1）排烟管道及其连接部件应能在 280℃时，连续 30min 保证其结构完整性。

(2) 竖向设置的排烟管道应设置在独立的管道井内,排烟管道的耐火极限不应低于0.5h。

(3) 水平设置的排烟管道应设置在吊顶内,其耐火极限不应低于0.5h;当确有困难时,可直接设置在室内,但管道的耐火极限不应小于1.0h。

(4) 设置在走道部位吊顶内的排烟管道,以及穿越防火分区的排烟管道,其管道的耐火极限不应小于1.0h,但设备用房和汽车库的排烟管道耐火极限可不低于0.5h。

3. 补风管道的设置和耐火极限的规定

补风管道耐火极限不应低于0.5h,当补风管道跨越防火分区时,管道的耐火极限不应小于1.5h。

4. 其他要求

(1) 未设置在机房或独立井道内的正压送风风管应有防火包裹等防火保护措施。

(2) 当吊顶内有可燃物时,吊顶内的排烟管道应采用不燃材料进行隔热,并应与可燃物保持不小于150mm的距离。

5.4.3 风管安装

当风管边长≥630m,且管段长度>1200mm时,应采取加固措施。对边长≤800mm的风管宜采用楞筋、楞线的方法加固。

风管支、吊、托架间距应符合下列规定。水平安装:风管直径或大边长<400mm的,间距不超过4m;风管直径或大边长≥400mm的,间距不超过3m。垂直安装:风管间距<4m,每根立管的固定件不应少于2个。

支、吊、托架不得设置在风口、阀门、检查门及自控机构处,安装时不得损坏绝热层和隔汽层。吊架不得直接吊在风管法兰上,边长>200mm的风阀等部件应单独设置支吊架。

风管上的可拆卸接口不得设置在墙体或楼板内,穿越沉降缝及变形缝处的风管两侧应设置风管软接头。

安装调节阀等风管配件时,必须注意将操作手柄配置在便于操作的部位,安装风管止回阀时应保证其叶片吹起时有足够的直管段长度,确保叶片不受挡、不卡住,平衡杆活动不被阻挡。风管的漏风率应满足相关规范的规定。

安装防火排烟类阀门时,应仔细验证该阀门有无强制性产品认证证书和认证标志(即3C认证),并对其外观质量和动作的灵活性与可靠性进行检验,确认合格后再进行安装。防火排烟类阀门的安装应与设计相符,其距墙表面间距应<200mm。气流方向应与阀体上标志箭头相一致,必须单独配置支吊架。每个排烟口均设现场手控开启钢缆,长度<6m,预埋套管不得有死弯。

风管金属支、吊、托架及风管角钢法兰应除锈后刷防锈底漆2道,调和面漆1道。

任务 5.5　建筑防排烟系统施工图的识读

5.5.1　建筑防排烟系统施工图的一般规定

建筑防排烟系统属于消防通风系统，常用的设备代号见表 5-2。

表 5-2　建筑防排烟设备代号

设备代号	说　　明
PF	排风机
PY	排烟风机
PF(Y)	排风排烟合用风机
BF	消防补风机
SF	送风机
JY	加压送风机
SPF	事故排风机

建筑防排烟系统的常用图例可参见右侧二维码。

5.5.2　建筑防排烟系统施工图的识读方法

防排烟系统
常用图例

建筑防排烟系统施工图的识读方法如下。

(1) 阅读图纸目录及设计施工说明。根据图纸目录了解该工程图纸的概况，包括图纸张数、图幅大小及名称、编号等信息。根据施工说明了解项目的工程概况，包括通风设计、防烟设计、排烟设计、自动控制设计、风管管材及安装设计、设备的安装及系统调试等。

(2) 阅读平面图。识读防排烟系统施工图的平面图应以设备机房或者排烟口为起点，按照空气流动的方向阅读管路及管路上安装的阀门等部件。

(3) 阅读详图。对于平面图上没有表达清楚的地方，特别是设备机房内，垂直方向可能存在叠放数个设备的情况，要根据平面图上的提示和图纸目录找出详图进行详细阅读，通常包括立面图、侧立面图、剖面图等。

(4) 综合识读。结合平面图和详图，在读懂整个防排烟系统的前提下，再进一步阅读施工说明与设备及主要材料表，从而完全掌握图纸的全部内容。

项目5　建筑防排烟系统

【任务思考】

项目案例实施

请结合"项目知识引领"的相关内容,完成"项目案例导入"的工作任务分解,并记录在表 5-3 工作任务记录表中。

表 5-3　工作任务记录表

班　级		姓　名		日　期	
案例名称	××市××办公楼项目建筑防排烟系统施工图的识读					
学习要求	1. 掌握防排烟系统施工图识读方法 2. 能结合工程项目图纸提取防排烟系统施工图中的专业信息				
相关知识要点	1. 防排烟系统施工图表达的内容 2. 防排烟系统施工图的特点 3. 防排烟系统施工图识读顺序				
一、识读理论知识记录					
二、识读实践过程记录					
评价	自评(30%)	互评(40%)	师评(30%)	总成绩	
成绩					
评价人					

项目技能提升

一、选择题

1. 风管穿越防火隔墙时,风管上的防火阀两侧(　　)m 范围内的风管应采取防火保护措施,且有耐火极限要求。
   A. 0.5　　　　B. 1　　　　C. 1.5　　　　D. 2
2. 民用建筑的(　　)场所或部位不应设置排烟系统。
   A. 二层 120 m^2 的影院　　　　B. 超级商场
   C. 中庭　　　　D. 超 20m 的走道
3. 补风管道跨越防火分区时,管道的耐火极限不应小于(　　)h。
   A. 0.5　　　　B. 1　　　　C. 1.5　　　　D. 2
4. 火灾时,利用风机将烟气及时排出,防止烟气向防烟分区以外扩散的是(　　)系统。
   A. 自然排烟　　B. 机械排烟　　C. 自然防烟　　D. 机械防烟
5. 在排烟风机的入口管段上应设置(　　),当管道内烟气达 280℃时自动关闭。
   A. 排烟防火阀　　B. 防火排烟阀　　C. 防火阀　　D. 排烟阀

二、填空题

1. 排烟风机和消防补风机的设备代号分别为_____和_____。
2. 防烟楼梯间前室、合用前室、消防电梯间前室、封闭避难层(间)的设计压差为_____。
3. 常用的排烟风机可以分为_____和_____。
4. 挡烟垂壁一般可分为_____或_____。
5. 加压送风时,防烟楼梯间、走道、前室及房间的压力从高往低的排列应为_____。

三、简答题

1. 防排烟系统的主要功能是什么?

2. 什么是防烟系统?什么是排烟系统?

3. 简述排烟系统和补风系统的识读顺序。

4. 请画出排烟阀、防火阀、风管软接头、侧风口、压力传感器的图例。

5. 高层建筑中,什么情况下需要设置机械加压送风?

项目评价总结

请结合本项目的学习过程以及技能提升训练情况,完成项目学习评价,并自主从项目的知识重难点、技能核心点、自我感受等方面对本项目进行梳理总结,并记录在表 5-4 项目评价总结表中。

表 5-4 项目评价总结表

序号	评价任务	评价标准	满分	自评	互评	师评	综合评价
1	建筑防排烟系统基本知识	(1) 能够正确理解建筑防排烟系统的定义与作用	4				
		(2) 掌握建筑防排烟系统的常用名词	5				
2	自然排烟与机械排烟	(1) 掌握自然排烟的布置形式	7				
		(2) 掌握机械排烟的组成、布置形式	7				
3	自然防烟与机械防烟	(1) 掌握自然防烟的定义	7				
		(2) 能够正确认识机械防烟的设置形式与组成	7				
4	建筑防排烟系统施工工艺	(1) 掌握风管管材	4				
		(2) 掌握管道耐火极限	6				
		(3) 掌握风管安装工艺	8				
5	建筑防排烟系统施工图的识读	(1) 掌握建筑防排烟系统施工图的常用设备代号、常用图例	10				
		(2) 掌握建筑防排烟系统施工图的识读方法	15				
6	动态过程评价	(1) 严格遵守课堂学习纪律	5				
		(2) 正确按照学习顺序记录学习要点,按时提交工作学习成果	5				
		(3) 积极参与学习活动,例如课堂讨论、课堂分享展示、课后自主探究	10				
自我梳理总结							

项目 6　建筑电气系统

项目学习导图

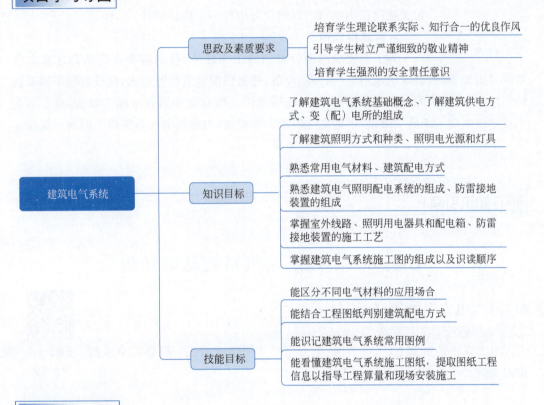

项目知识链接

(1)《供配电系统设计规范》(GB 50052—2009)

(2)《20kV 及以下变电所设计规范》(GB 50053—2013)

(3)《低压配电设计规范》(GB 50054—2011)

(4)《民用建筑电气设计标准》(GB 51348—2019)

(5)《建筑电气工程施工质量验收规范》(GB 50303—2015)

(6) 图集《常用低压配电设备安装》(04D702-1)

(7) 图集《电缆桥架安装》(04D701-3)

(8) 图集《110kV 及以下电缆敷设》(12D101-5)

(9) 图集《室内管线安装》(2004 年合订本)(D301-1~3)

126　安装工程识图与施工工艺

项目案例导入

××市××住宅项目建筑电气系统施工图的识读

➢ 工作任务分解

二维码中是××市××住宅项目的建筑电气系统施工图。图纸中的文字说明如何解析？图纸中的各段线条、图块、符号、数据如何解读？如何将图中内容与实际电器方位布置对照联系？各用电设备如何安装？安装过程中有哪些技术要点？线路如何敷设？线路与用电设备如何实现接线？以上相关疑问在本项目内容的学习中将一一获得解答。

××市××住宅项目建筑电气系统施工图

➢ 实践操作指引

为了能完成前面分解出的工作任务，我们需要首先认识建筑电气系统基础知识，然后认识常用电气材料、设备，建筑供配电系统的形式，建筑电气照明系统的组成，室内外供配电线路的施工工艺，能够使用工程专业术语表示施工做法，最后学会识读建筑电气系统施工图纸，掌握电气图纸识图要点，为建筑电气系统施工图的计量与计价打下基础。

项目知识引领

任务6.1　建筑电气系统基础知识

6.1.1　电力系统概述

电力系统是由发电厂、电力网、电力用户共同组成的统一整体。典型的电力系统示意图如图 6-1 所示。

微课：认识电力系统

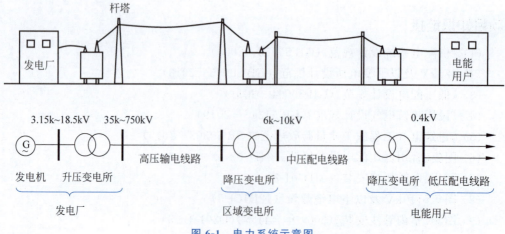

图 6-1　电力系统示意图

1. 发输电过程

由图 6-1 可以看出，电能的输送需经过以下环节：发电→升压→高压送电→一次降压→10kV 中压配电→二次降压→0.4kV 低压配电→电能用户。

1) 发电厂

发电厂是将一次能源（如水的势能、风的动能、煤燃烧产生的热能、原子能等）转换为二次能源（电能）的场所。目前，我国发电厂主要有火力发电厂和水力发电厂两类。近年来，部分地区根据区域特点，正积极新建太阳能发电厂、风力发电厂、潮汐发电厂、核能发电厂等。

2) 电力网

电力网是由变电所、配电所和各种电压等级的电力线路共同组成。电力网的作用是将发电厂生产的电能进行变换、输送和分配到电能用户。

变电所是接收电能、变换电压和分配电能的场所，分为升压变电所和降压变电所两类，配电所没有电压变换能力。电力线路是输送电能的通道，根据电压等级的不同，分为输电线路和配电线路两类。目前，我国电力网的电压等级主要有 220V、380V、3kV、6kV、10kV、35kV、110kV、220kV、330kV、500kV、750kV 等。35kV 及以上的电力线路称为输电线路，用作远距离输电；10kV 及以下的电力线路称为配电线路，将电能分配给用户。

3) 电力用户

电力用户是指在电力系统中所有消耗电能的用电设备，按其用途可分为动力用电设备（如电动机等）、照明用电设备（如灯具等）、电热用电设备（如电炉、干燥箱、空调等）等。用电设备所消耗的功率称为用电负荷或电力负荷。

2. 电力负荷

电力负荷根据对供电可靠性的要求及中断供电在对人身安全、经济损失上所造成的影响程度划分为一级负荷、二级负荷和三级负荷。

1) 一级负荷

符合下列情况之一时，应视为一级负荷：①中断供电将造成人身伤害；②中断供电将在经济上造成重大损失；③中断供电将影响重要用电单位的正常工作。

在一级负荷中，当中断供电将造成人员伤亡或重大设备损坏或发生中毒、爆炸和火灾等情况的负荷，以及特别重要场所的不允许中断供电的负荷，应视为一级负荷中特别重要的负荷。

一级负荷应由双重电源供电，当一电源发生故障时，另一电源不应同时受到破坏。特别重要的一级负荷还应增设应急电源，并严禁将其他负荷接入应急供电系统。设备的供电电源的切换时间，应满足设备允许中断供电的要求。

2) 二级负荷

符合下列情况之一时，应视为二级负荷：①中断供电将在经济上造成较大损失；②中断供电将影响较重要用电单位的正常工作。

二级负荷的供电系统，宜由两回线路供电；在负荷较小或地区供电条件困难时，二级负荷可由一回 6kV 及以上专用的架空线路供电。

3）三级负荷

不属于一级和二级负荷者应为三级负荷。三级负荷对供电的可靠性要求较低，一般都为单回线路供电。

不同负荷等级的电气线路对电源、控制和保护等要求不尽相同。在同等条件下，如按更高一级别的负荷进行设计供电，其线路越复杂，对应工程造价越高。部分民用建筑中典型建筑物的主要用电负荷分级如表6-1所示。

表6-1 民用建筑中各类建筑物的主要用电负荷分级

序号	建筑物名称	用电负荷名称	负荷级别
1	国家级会堂、国宾馆、国家级国际会议中心	主会场、接见厅、宴会厅照明，电声、录像、计算机系统用电	一级*
		客梯、总值班室、会议室、主要办公室、档案室用电	一级
2	国家及省部级政府办公建筑	客梯、主要办公室、会议室、总值班室、档案室用电	一级
		各省部级行政办公建筑的主要通道照明用电	二级
3	办公建筑	建筑高度超过100m的高层办公建筑的主要通道照明和重要办公室用电	一级
		一类高层办公建筑的主要通道照明和重要办公室用电	二级
4	电影院	特大型电影院的消防用电和放映用电	一级
		特大型电影院放映厅照明、大型电影院的消防用电负荷、放映用电	二级
5	图书馆	藏书量超过100万册及重要图书馆的安防系统、图书检索用计算机系统用电	一级
		藏书量超过100万册的图书馆阅览室及主要通道照明和珍本、善本书库照明及空调系统用电	二级
6	商场、百货商店、超市	大型百货商店、商场及超市经营管理用的计算机系统用电	一级
		大中型百货商店、商场、超市营业厅、门厅公共楼梯及主要通道的照明及乘客电梯、自动扶梯及空调用电	二级
7	科研院所及教育建筑	四级生物安全实验室用电；对供电连续性要求很高的国家重点实验室用电	一级*
		三级生物安全实验室用电；对供电连续性要求较高的国家重点实验室用电；学校特大型会堂主要通道照明用电	一级
		对供电连续性要求较高的其他实验室用电；学校大型会堂主要通道照明、乙等会堂舞台照明及电声设备用电；学校教学楼、学生宿舍等；主要通道照明用电；学校食堂冷库及厨房主要设备用电以及主要操作间、备餐间照明用电	二级
8	住宅建筑	建筑高度大于54m的一类高层住宅的航空障碍照明、走道照明、值班照明、安防系统、电子信息设备机房、客梯、排污泵、生活水泵用电	一级
		建筑高度大于27m但不大于54m的二类高层住宅的走道照明、值班照明、安防系统、客梯、排污泵、生活水泵用电	二级

续表

序号	建筑物名称	用电负荷名称	负荷级别
9	一类高层民用建筑	消防用电；值班照明；警卫照明；障碍照明用电；主要业务和计算机系统用电；安防系统用电；电子信息设备机房用电；客梯用电；排水泵；生活水泵用电	一级
		主要通道及楼梯间照明用电	二级
10	二类高层民用建筑	消防用电；主要通道及楼梯间照明用电；客梯用电；排水泵、生活水泵用电	二级
11	建筑高度大于150m的超高层公共建筑	消防用电	一级*

注：负荷分级表中"一级*"为一级负荷中特别重要负荷。

6.1.2 三相交流电

1. 三相交流电的概念

目前在电力系统中广泛采用三相交流电路，三相交流电是由三个大小相等、频率相同、相位彼此相差120°的交流电路组成的电力系统，如图6-2所示。交流电具有容易生产、运输经济、易于变化电压等优点。三相交流电路与单相交流电路相比，具有节省输电线用量、输电距离远、输电功率大等特点。

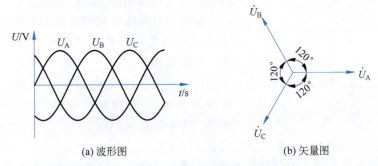

(a) 波形图　　(b) 矢量图

图6-2　三相正弦交流电波形图和矢量图

2. 三相电源供电

三相电源的连接方式主要有星形连接(Y)和三角形连接(△)，其中星形连接形式比较常用。

1) 星形连接

三相发电机的电枢上有三个对称放置的独立绕组 A-X、B-Y、C-Z，这三个绕组分别称为 A 相绕组、B 相绕组、C 相绕组。星形连接是将3个绕组的末端接在一起形成一个公共点(称为中性点)，如图6-3所示。

由三相绕组的始端 A、B、C 分别引出3根线，称为相线(俗称火线)，它们构成三相电源的星形连接形式。三相电源的中性点常直接接地，因此中性点又称为零点，由中性点引出一根导线，称为中性线(俗称零线)。由于三相电源共输出四根电源线，因此称为三相四线制供电系统。在工程中，为了防止各类电气设备因漏电对人造成伤害，常从中性点接地

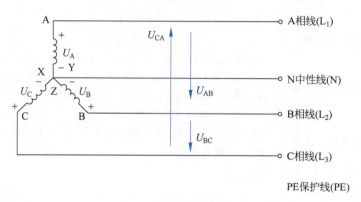

图 6-3 三相电源星形连接

处另外引出一条导线,与设备外壳连接,这条导线称为保护线。在三相四线制的基础上增加一根保护线的供电系统,被称为三相五线制供电系统。

在电气工程中,为了区分各电源线,常以不同的颜色区分。中性线(N 线)宜采用蓝色导线,A 相线(L_1)、B 相线(L_2)和 C 相线(L_3)分别用黄、绿、红色导线,保护线(PE 线)用黄绿双色导线。

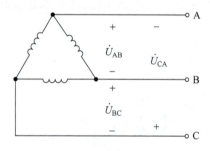

图 6-4 三相电源三角形连接

2) 三角形连接

三角形连接是将电源一相绕组的末端与另一相绕组的首端依次相连,如图 6-4 所示。

线电压是相线与相线之间的电压,用 $U_{线}$ 表示。相电压是相线与中性线之间的电压,用 $U_{相}$ 表示。在三角形连接中,只有一种电压,即 $U_{线}=U_{相}$;在星形连接方式中,可以获得两种电压,即 $U_{线}=\sqrt{3}U_{相}$。常用的低压三相四线制供电系统中,相电压为 220V,线电压为 380V。

3. 三相交流电路的负载

三相交流电路中接入的负载有两类:一类是必须接上三相电源才能正常工作的三相用电设备,如三相异步电动机等;另一类是额定电压为 220V 或 380V,只需接两根电源线的单相用电设备,如白炽灯、荧光灯和单相电焊机等。

三相异步电动机等三相用电设备,其内部三相绕组结构完全相同,是对称的三相负载。

单相设备需要分组接到三相电路中,一般为不对称的三相负载。三相负载常见的连接方式有星形连接和三角形连接。

1) 三相负载的星形连接

将每相负载的一端连接到一起,另一端分别连接到三根相线上,如图 6-5 所示,为星形连接方式。单相负载通过中性线将一端连在一起,而三相异步电动机等三相对称负载的中性点(负载一端共同连接的点)可以不用连接到中性线上。星形连接方式的条件是负载额定电压等于电源相电压。

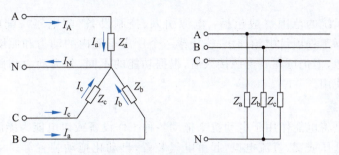

图 6-5 三相负载的星形连接

2) 三相负载的三角形连接

三相负载的三角形连接方式如图 6-6 所示。由于三相负载只需要三根电源线供电，所以属于三相三线制供电电路。

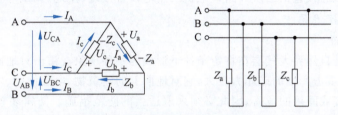

图 6-6 三相负载的三角形连接

电路中，每相负载连接于两根相线之间，因此负载的额定电压与相应的线电压相等。在 380V/220V 供电系统中，三相负载的连接方式需要根据负载的额定电压来确定。如果负载的额定电压为 380V，则可以接成三角形连接方式；若额定电压为 220V，则只能接为星形连接方式。

6.1.3 电气设备安装工程的组成

电气设备安装工程可以包括整个电力系统，即从发电厂发出来的电能，经过高压变电所→输电线路→变电所→配电线路→用电设备，由这一系列电气装置和输配电线路所构成的电力系统，也可以是其中的一部分。通常单项工程都是以从接受电能经变换、分配到用电设备所形成的工程系统进行界定的，按其主要功能不同分为变配电系统、电气照明系统、动力配电系统、防雷及接地系统等。

1. 变配电系统

变配电系统是用于变换和分配电能的电气装置总称，由变电设备和配电设备两大部分组成。如果只装有配电设备，并以同级电压分配电能的电气装置称为配电所（间）。

变配电系统作为一个单位工程时，其范围一般从电力网接入电源点起，到分配电能的输出点的整个工作内容，同时也包括该系统内的照明、接地、防雷装置等。

2. 电气照明系统

将电能转换为光能的电气装置构成电气照明系统，包括民用建筑照明和工矿企业生产用照明等。电气照明系统可分为一般照明系统、局部照明系统和混合照明系统。一般照明系统与局部照明系统常用电源电压为 220V，在特殊情况下采用 36V 及以下的安全电压。

电气照明系统的范围一般包括：电源引入、控制设备（配电箱）、配电线路、照明灯（器）具。在实际工程项目中，有时一栋楼或一个厂房车间内的动力和照明两个系统虽然都引自同一电源，但仍可在其电源接入后，根据功能的不同，分为动力和照明两个系统分别进行控制和使用。

3. 动力系统

动力系统是将电能作用于电动机来拖动各种工作设备或以电能为能源用于生产的电气装置，如高、低压或交、直流电机，起重电气装置，自动化拖动装置等。动力工程中的设备大多是成套的定型设备，但也有零星小型的单独分散安装的控制设备。动力工程主要由控制设备（如动力开关柜、箱、屏及闸刀开关等）、保护设备、测量仪表、母线架设、配管、配线、接地装置等组成。

动力工程通常以一个车间或一栋厂房为一个单位工程，其范围包括：电源引入、各种控制设备、配电线路（包括二次线路）、电机或用电设备接线、接地、调试等。

4. 防雷及接地系统

1）防雷装置

雷电现象是自然界大气层在特定条件下形成的一种现象。雷云对地面泄放电荷的现象，称为雷击。雷击产生的破坏力极大，它对地面上的建筑物、电气线路、电气设备和人身都可能造成直接或间接的危害，因此必须采取适当的防范措施。防雷装置是为了保护建筑物、构筑物以及设备免遭雷击破坏而设置的一种保护装置。

2）接地装置

接地就是将电气设备的某些部位、电力系统的某点与大地相连，提供故障电流及雷电流的泄流通道，稳定电位，提供零电位参考点，以确保电力系统、电气设备的安全运行，同时确保电力系统运行人员及其他人员的人身安全。

任务 6.2　常用电气材料

6.2.1　常用导电材料

1. 常用导线

导线是用来传送电能和信号的。导线的品种繁多，按其性能、结构和特点可分为绝缘导线、裸导线等。绝缘导线一般用于动力和照明线路，裸导线主要用于架空线路。

1）绝缘导线

绝缘导线的种类很多，按绝缘层材料分为橡胶绝缘导线和聚氯乙烯绝缘导线，在建筑工程中多采用聚氯乙烯绝缘铜导线，如图 6-7 所示。

绝缘导线的线芯材料有铜芯和铝芯（基本不采用），机电工程中常用的导线截面有 $1.5mm^2$、$2.5mm^2$、$4mm^2$、$6mm^2$、$10mm^2$、$16mm^2$、$25mm^2$、$35mm^2$、$50mm^2$、$70mm^2$、$95mm^2$、$120mm^2$、$150mm^2$、$185mm^2$、$240mm^2$ 等。护套线有二芯、三芯、四芯和五芯之分。常用绝缘导线的型号、规格和用途见表 6-2。

(a) 橡胶绝缘导线　　　　　　　　(b) 聚氯乙烯绝缘铜导线

图 6-7　绝缘导线

表 6-2　常用绝缘导线的型号、规格和用途

型　号	名　称	主　要　用　途
BX(BLX)	橡胶铜(铝)芯线	适用交流 500V 及以下,直流 1000V 及以下的电气设备和照明设备之用
BXR	橡胶铜芯软线	
BV(BLV)	聚氯乙烯铜(铝)芯线	适用于各种设备、动力、照明的线路固定敷设
BVR	聚氯乙烯铜芯软线	
BVV(BLVV)	聚氯乙烯绝缘及护套铜(铝)芯线	
RVB	聚氯乙烯平行铜芯软线	适用于各种交直流电器、电工仪器、小型电动工具、家用电器装置的连接
RVS	聚氯乙烯绞型铜芯软线	
RV	聚氯乙烯铜芯软线	
RVV	聚氯乙烯绝缘及护套铜芯软线	

例如,BV-450/750V-2.5mm^2,表示聚氯乙烯铜芯线,额定电压为 450V/750V,截面为 2.5mm^2。

2) 裸导线

裸导线没有绝缘层,散热好,可输送较大电流。裸导线常用的有圆单线、裸绞线和型线等。

(1) 裸绞线。

裸绞线主要用于架空线路,具有良好的导电性能和足够的机械强度。裸绞线包括铜绞线、铝绞线和钢芯铝绞线,如图 6-8 所示,铝绞线和钢芯铝绞线应用场合较多。铝绞线一般用于短距离电力线路,钢芯铝绞线用于各种电压等级的长距离输电线路,抗拉强度大。常用裸绞线型号、规格和用途见表 6-3。

表 6-3　常用裸绞线的型号、规格和用途

名　称	型号	截面/mm^2	用　途
铝绞线	LJ	10～600	用于档距较小的架空线路
钢芯铝绞线	LGJ	10～400	用于档距较大的架空线路
铜绞线	TJ	10～400	一般不采用

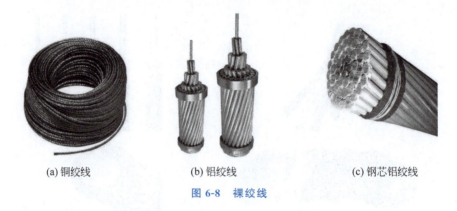

(a) 铜绞线　　　　　　(b) 铝绞线　　　　　　(c) 钢芯铝绞线

图 6-8　裸绞线

(2) 型线。

型线有铜母线、铝母线、扁钢等。矩形硬铜母线（TMY 型）和硬铝母线（LMY 型）用于变配电系统中的汇流排装置和车间低压架空母线等，如图 6-9 所示。扁钢用于接地线和接闪线，常用的扁钢规格有 25×4、25×6、40×4 等。

例如，TMY-100×10，表示为硬铜母线宽 100mm、厚 10mm。

(a) 铜母线　　　　　　　　　(b) 铝母线

图 6-9　铜母线和铝母线

2. 常用电缆

电缆按用途分为电力电缆、控制电缆、通信电缆和信号电缆等，电气工程中应用最广泛的是电力电缆。

电缆的结构主要有三个部分，即线芯、绝缘层和保护层，其结构如图 6-10 所示。线芯按数量可分为单芯、双芯、三芯、四芯和五芯线。电缆的绝缘层的作用是将线芯导体之间及线芯线与保护层之间相互绝缘，要求有良好的绝缘性能和耐热性能。保护层分为内保护层和外保护层两部分。内保护层保护绝缘层不受潮湿，并防止电缆浸渍剂外流，外保护层保护绝缘层不受机械损伤和化学腐蚀。

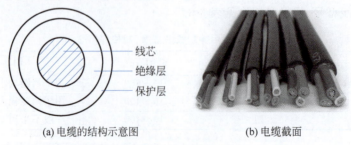

(a) 电缆的结构示意图　　　　　　(b) 电缆截面

图 6-10　电缆的结构

1) 电力电缆

电力电缆是用来传输和分配电能的产品,主要用在输变电线路中,工作电流在几十安至几千安,额定电压在 220V～500kV 及以上。

常用的电力电缆,按其线芯材质分为铜芯和铝芯两大类,按其采用的绝缘材料分为聚氯乙烯绝缘电力电缆、交联聚乙烯绝缘电力电缆、橡胶绝缘电力电缆和油浸纸绝缘电力电缆等。具有聚氯乙烯绝缘或聚氯乙烯护套的电缆,安装时的环境温度不宜低于 0℃。常用的电力电缆型号及名称见表 6-4。

表 6-4 常用的电力电缆型号及名称

型 号	名 称
VV/VLV	聚氯乙烯绝缘聚氯乙烯护套铜芯/铝芯电力电缆
YJV	交联聚乙烯绝缘聚氯乙烯护套铜芯电力电缆
YJV_{22}	交联聚乙烯绝缘聚氯乙烯护套内钢带铠装铜芯电力电缆
$YJV_{32(42)}$	交联聚乙烯绝缘聚氯乙烯护套细(粗)钢丝铠装铜芯电力电缆
YJY	交联聚乙烯绝缘聚乙烯护套铜芯电力电缆
YJFE	辐照交联聚乙烯绝缘聚烯烃护套铜芯电力电缆

例如,YJV_{22}-0.6/1-3×95+2×50,表示交联聚乙烯绝缘聚氯乙烯护套内钢带铠装铜芯电力电缆,额定电压 0.6/1kV,3 芯 95mm^2+2 芯 50mm^2。

例如,YJY-26/35-3×240,表示交联聚乙烯绝缘聚乙烯护套铜芯电力电缆,额定电压 26/35kV,3 芯 240mm^2。

2) 控制电缆

控制电缆用于电气控制系统和配电装置的二次系统。二次电路的电流较小,因此芯线截面通常在 10mm^2 以下,控制电缆的线芯多采用铜导体,其芯线组合有同心式和对绞式。

控制电缆按其绝缘层材质,分为聚氯乙烯、聚乙烯和橡胶。其中以聚乙烯电性能最好,可应用于高频线路。

塑料绝缘控制电缆,如 KVV、KVVP 等,主要用于交流 500V、直流 1000V 及以下的控制、信号、保护及测量线路。

例如,KVVP 用于敷设在室内、电缆沟等要求屏蔽的场所;KVV_{22} 等用于敷设在电缆沟、直埋地等能承受较大机械外力的场所;KVVR、KVVRP 等敷设于室内要求移动的场所。

3. 常用母线槽

母线槽是由金属外壳(钢板或铝板)、导电排、绝缘材料及有关附件组成的。母线槽具有系列配套、体积小、容量大、电流易于分配到各个支路、设计施工周期短、装拆方便、安全可靠、使用寿命长等优点,特别适用于高层建筑、标准厂房、机床密集的车间等场所,作为电力馈电及配电之用,是一种比较理想的输配电系列产品。

1) 母线槽的分类

母线槽按绝缘方式可分为空气型母线槽、紧密型母线槽和高强度母线槽三种;按导电材料分为铜母线槽和铝母线槽;按防火能力可分为普通型母线槽和耐火型母线槽,如图 6-11 所示。

(a) 空气型母线槽　　　　(b) 紧密型母线槽　　　　(c) 高强度母线槽

图 6-11　母线槽

(1) 空气型母线槽。

母线之间接头用铜片软接过渡,接头之间体积过大,占用了一定空间,应用较少。因存在烟囱效应,空气型母线槽不能用于垂直安装。

(2) 紧密型母线槽。

紧密型母线槽采用插接式连接,具有体积小、结构紧凑、运行可靠、传输电流大、便于分接馈电、维护方便等优点,可用于树干式供电系统,在高层建筑中得到广泛应用。紧密型母线槽的散热主要靠外壳,母线槽温升偏高,散热效果较差。母线的相间气隙小,母线通过大电流时,产生较大的电动力,使磁振荡频率形成叠加状态,可能产生较大的噪声。紧密型母线槽防潮性能较差,在施工时容易受潮及渗水,造成相间绝缘电阻下降。

(3) 高强度母线槽。

高强度母线槽外壳做成瓦沟形式,使母线槽机械强度增加,解决了大跨度安装无法支撑吊装的问题。母线之间有一定的间距,线间通风良好,相对紧密式母线槽而言,其防潮和散热功能有明显的提高;由于线间有一定的空隙,使导线的温升下降,这样就提高了过载能力,并减少了磁振荡噪声。高强度母线槽产生的杂散电流及感抗要比紧密型母线槽大得多,因此规格相同时,它的导电排截面必须比紧密式母线槽大。

(4) 耐火型母线槽。

耐火型母线槽专供消防设备电源的使用,其外壳采用耐高温不低于 1100℃ 的防火材料,隔热层采用耐高温不低于 300℃ 的绝缘材料,耐火时间有 60min、90min、120min、180min,满负荷运行可达 8h 以上。耐火型母线槽除应通过 CCC 认证外,还应有国家认可的检测机构出具的型式检验报告。

2) 母线槽选用

母线槽选用时应考虑以下四个方面。

(1) 高层建筑的垂直输配电应选用紧密型母线槽,可防止烟囱效应,其导体应选用长期工作温度不低于 130℃ 的阻燃材料包覆。楼层之间应设阻火隔断,阻火隔断应采用防火堵料。应急电源应选用耐火型母线槽,且不准释放出危及人身安全的有毒气体。

(2) 大容量母线槽可选用散热好的紧密型母线槽,若选用空气型母线槽,应采用只有在专用工作场所才能使用的 IP30 外壳防护等级。

（3）母线槽接口相对较容易受潮，选用母线槽应注意其防护等级。对于不同的安装场所，应选用不同外壳防护等级的母线槽。一般室内正常环境可选用防护等级为 IP40 的母线槽，消防喷淋区域应选用防护等级为 IP54 或 IP66 的母线槽。

（4）母线槽不能直接和有显著摇动和冲击振动的设备连接，应采用软接头加以连接。

6.2.2 常用安装材料

常用安装材料分为金属材料和非金属材料两大类。金属材料中常用的有各种类型的钢材及铝材，如水煤气管、薄壁钢管、角钢、扁钢、钢板、铝板等；非金属材料中常用的有塑料管、瓷管等。

1. 常用线管

在室内电气工程施工中，为使电线免受腐蚀和外来机械损伤，常把绝缘导线穿入线管内敷设。常用的线管有金属管和塑料管等。

1）常用的金属管

常用的金属管有水煤气管、薄壁钢管、金属软管等，如图 6-12 所示。

(a) 水煤气管

(b) 薄壁钢管

(c) 金属软管

图 6-12 常用的金属管

（1）水煤气管。

水煤气管又称焊接管或瓦斯管，管壁较厚，约 3mm，一般用于输送水煤气及制作建筑构件（如扶手、栏杆、脚手架等）。水煤气管在配线工程中适用于有机械外力或有轻微腐蚀气体的场所作明线敷设或暗线敷设。按表面处理情况不同分为镀锌和不镀锌两种；按管材壁厚不同可分为薄壁管、普通管和加厚管三种。

（2）薄壁钢管。

薄壁钢管又称电线管，管壁较薄，管壁壁厚约为 1.5mm。管子的内外壁均涂有一层绝缘漆，适用于干燥场所的线路敷设。目前常使用的管壁厚度不大于 1.6mm 的扣接式（KBG）或紧定式（JDG）镀锌电线管，也属于薄壁钢管序列。

（3）金属软管。

金属软管又称蛇皮管，由厚度为 0.5mm 以上的双面镀锌薄钢带加工压边卷制而成。金属软管既有相当好的机械强度，又有很好的弯曲性，常用于需要弯曲部位较多的场所及设备的出口处。

2) 常用的塑料管

常用的塑料管有硬型塑料管、半硬型塑料管、软型塑料管等。按材质主要分为聚氯乙烯管、聚乙烯管、聚丙烯管等。塑料管的特点是常温下抗冲击性能好、耐碱、耐酸、耐油性能好,但容易变形老化,机械强度不如钢管。

(1) 硬型塑料管。

硬型塑料管适合在腐蚀性较强的场所作明线敷设和暗线敷设。

(2) 半硬型塑料管。

半硬型塑料管韧性大、不易破碎、耐腐蚀、质轻、刚柔结合,易于施工,适用于一般民用建筑的照明工程暗线敷设。常用的有阻燃型 PVC 工程塑料管。

(3) 软型塑料管。

软型塑料管质量轻,刚柔适中,常用作建筑工程中的电气软管暗敷。

2. 常用钢材料

钢材料在电气工程中一般作为安装设备用的支架和基础,也可作为导体(如避雷针、避雷网、接地体、接地线等)使用。

1) 安装用的钢材料

安装用的钢材料主要有工字钢、槽钢和钢板等,如图 6-13 所示。

(a) 工字钢

(b) 槽钢

(c) 钢板

图 6-13 安装用的钢材料

(1) 工字钢。

工字钢常用于各种电气设备的固定底座、变压器台架等。其规格是以腹板高度(h)×腹板厚度(d)表示,其型号是以腹高(cm)数表示。如 10 号工字钢,表示其腹高为 10cm (100mm)。

(2) 槽钢。

槽钢一般用来制作固定底座、支撑、导轨等。规格以"腹板高度(h)×翼宽(b)×腹板厚度(d)"表示,如"槽钢 120×53×5"表示其腹板高度(h)为 120mm、翼宽(b)为 53mm、腹板厚度(d)为 5mm。

(3) 钢板。

钢板常用于制作各种电器及设备的零部件、平台、垫板、防护壳等。钢板按厚度一般分为薄钢板(厚度≤4.0mm)、中厚钢板(厚度为 4.0~6.0mm)、特厚钢板(厚度>6.0mm)三种。

2) 作为导体使用的钢材料

作为导体使用的钢材料主要有扁钢、角钢和圆钢，如图 6-14 所示。

(a) 扁钢

(b) 角钢

(c) 圆钢

图 6-14　作为导体使用的钢材料

(1) 扁钢。

扁钢是指宽 12～300mm、厚 3～60mm、截面为长方形并稍带钝边的钢材。扁钢常用来制作各种抱箍、撑铁、拉铁，配电设备的零配件等，分为镀锌扁钢和普通扁钢。接地引下线和接地母线等一般使用镀锌扁钢。扁钢的规格一般以"—宽度(a)×厚度(d)"表示，如—50×5 表示宽度为 50mm、厚度为 5mm 的扁钢。

(2) 角钢。

角钢俗称角铁，是两边互相垂直成角形的长条钢材。角钢常用来制作输电塔构件、横担、撑铁、各种角钢支架、电气安装底座和滑触线，按其边宽分为等边角钢和不等边角钢。角钢可用来制作接地体。角钢的规格以"L 长边(a)×短边(b)×边厚(d)"表示。如 L63×40×5 表示该角钢长边为 63mm、短边为 40mm、边厚为 5mm。

(3) 圆钢。

圆钢是指截面为圆形的实心长条钢材。圆钢常用来制作各种金具、螺栓、钢索等，按制造工艺不同分为热轧、锻制和冷拉三种。圆钢可用于制作接地引下线、接地母线、防雷带等。圆钢的规格以直径(mm)表示，如 $\phi 8$ 表示圆钢直径为 8mm。

任务 6.3　建筑供配电系统

6.3.1　民用建筑供电方式

1. 小型民用建筑的供电

小型民用建筑供电一般只需一个简单的 6k～10kV 的降压变电所，供电形式如图 6-15 所示。用电设备容量在 250kW 以下或需用变压器容量在 160kV·A 以下时，不必单独设置变压器，可以采用 380V/220V 低压供电。

2. 中型民用建筑的供电

中型民用建筑的供电系统中,电源进线一般为 10kV,经中压开关站以及中压配电线路,将电能输送到各民用建筑的降压变电所。降压变电所将电压最终降为 380V/220V,由低压配电线路向用电设备供电,供电形式如图 6-16 所示。

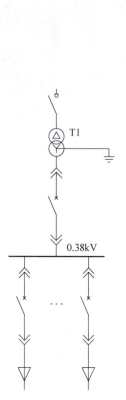

图 6-15　小型民用建筑变电所供电形式

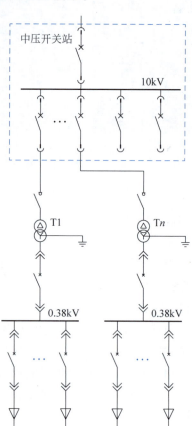

图 6-16　中型民用建筑变电所供电形式

3. 大型民用建筑的供电

对于大型民用建筑,由于末端用电负荷大,电源进线一般为 110kV 或 35kV,需要经两次降压。第一次由区域变电站,将电压降至 10kV,然后由 10kV 中压配电线路将电能输送到各民用建筑的降压变电所,将电压降为 380V/220V,由低压配电线路向用电设备供电,供电形式如图 6-17 所示。

6.3.2　民用建筑配电方式

民用建筑低压配电系统是指从终端降压变电所的低压侧到民用建筑内部低压设备的电力线路,其电压一般为 380V/220V,配电方式有放射式、树干式、混合式,如图 6-18 所示。

微课:辨析民用建筑供配电方式

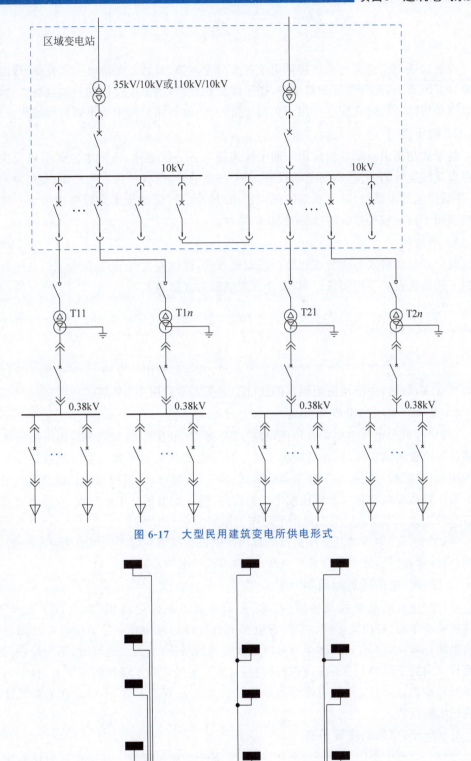

图 6-17　大型民用建筑变电所供电形式

图 6-18　民用建筑配电方式

1. 放射式

放射式是指由总配电箱直接供电给各个分配电箱,其特点是供电可靠性高,线路发生故障时互不影响,配电设备相对集中,便于维护和检修,但由于使用的开关设备数量较多,其投资费用高。放射式配电多用于负荷容量较大、设备相对集中及重要负荷场所。

2. 树干式

树干式是指由总配电箱采用一回干线连接至各分配电箱,该配电方式可以减少出线回路以及线缆的消耗量,从而节约投资,但需注意的是,干线一旦发生故障,则影响范围较大,降低供电的可靠性,并且线缆的截面积相对较大,可能给施工敷设带来困难。树干式配电多用于负荷较小且分散、线路较长的场所。

3. 混合式

混合式是放射式与树干式相结合的配电方式,也称为大树干式,混合式综合了放射式和树干式的优点。工程实践证明,混合式配电最为常见和实用。

6.3.3 变(配)电所

变(配)电所是供(配)电系统中的重要一环,其主要作用是变换、分配电能。变(配)电所类型众多,目前,中小型民用建筑的变(配)电所大多采用10kV级。

1. 变(配)电所的组成与分类

10kV变(配)电所主要由高压配电室、变压器室、低压配电室组成。高压配电室是安装高压配电设备的房间,其布置取决于高压开关柜的数量与形式。变压器室是安装变压器的房间,其结构形式取决于变压器的形式、容量、安装方向、进出线方位以及电气主接线方案等。低压配电室是安装低压配电柜的房间,低压配电柜分单排布置、双排布置和多排布置几种形式。某10kV变配电所平面布置图如图6-19所示。

10kV变(配)电所按其变压器及高低压配电设备放置位置不同可分为:室内型、半室内型、室外型,此外,还有组合式变电所(俗称箱式变电所)。

2. 变(配)电所的选址原则

变(配)电所的选址应从经济、技术、安全等各方面综合考虑,满足以下几点要求:①接近负荷中心、进出线方便;②接近电源侧且设备运输方便;③不应设在有剧烈振动或高温的场所;④不宜设在多尘或有腐蚀性气体的场所,当无法远离时,不应设在污染源处盛行风向的下风侧;⑤不应设在厕所、浴室或其他经常积水场所的正下方,且不宜与上述场所相贴邻;⑥不应设在有爆炸危险环境的正上方或正下方,不应设在地势低洼和可能有积水的场所。

3. 变(配)电所的主要设备

变(配)电所中常用的设备有高压设备、低压设备和变压器。高压设备包括高压开关柜、高压断路器、高压隔离开关、高压负荷开关、高压熔断器和避雷器等。低压设备包括低压配电柜、低压刀开关、低压断路器、低压熔断器和交流接触器等。本书重点讲述高压开关柜和低压配电柜。

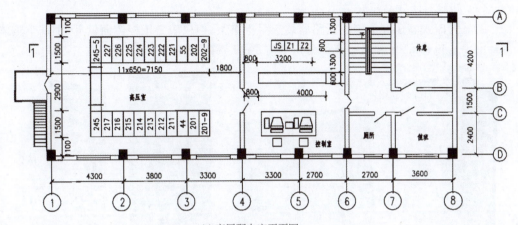

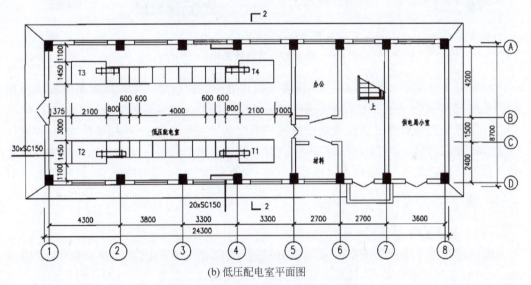

图 6-19 某 10kV 变配电所平面布置图

1）高压开关柜

高压开关柜是指按照一定的接线方案将有关的一、二次设备（如开关设备、保护电器及操作辅助设备等）组装而成的一种高压成套配电装置，作为电能接受、分配的通断和监视保护之用。

高压开关柜按结构分为箱型固定式、铠装移出式、间隔封闭式。

（1）箱型固定式高压开关柜。

箱型固定式高压开关柜结构简单，造价相对较低，元器件均为固定安装。常用的有XGN、HXGN系列，如图 6-20(a)、(b)所示。

（2）铠装移出式高压开关柜。

铠装移出式高压开关柜的断路器及仪表装于手推车上，手推车整体可移出进行检修，造价相对较高。常用的有 KYN 系列，如图 6-20(c)所示。

(3) 间隔封闭式高压开关柜。

间隔封闭式高压开关柜的断路器装于手推车上,但仪表装于柜体面板上,手推车整体可移出进行检修,造价相对较高。常用的有 JYN 系列,如图 6-20(d)所示。

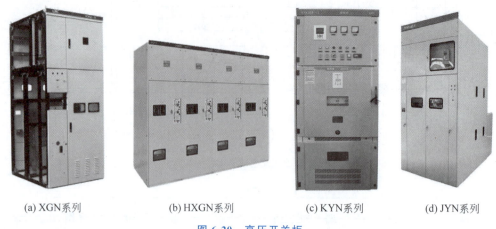

(a) XGN系列　　　(b) HXGN系列　　　(c) KYN系列　　　(d) JYN系列

图 6-20　高压开关柜

高压开关柜的安装施工程序为:设备开箱检查→二次搬运→基础型钢制作安装→柜(盘)母线配制→柜(盘)二次回路接线→接地→试验调整→送电运行验收。

高压开关柜一般都安装在槽钢或角钢制成的基础型钢底座上,采用螺栓固定,紧固件应是镀锌制品,如采用焊接,焊点要进行防锈处理。型钢的规格大小是根据开关柜的尺寸和质量进行确定的,一般型钢可以选择 8~10 号槽钢或"50×5"角钢制作,制作时先将有弯曲的型钢矫正平直,再按图样要求预制加工基础型钢,并按柜地脚固定孔的位置尺寸,在型钢上钻好安装孔或预埋地脚螺栓固定孔。

2) 低压配电柜

低压配电柜又称低压配电屏或低压开关屏,是将低压电路所需的开关设备、测量仪表、保护装置和辅助设备等,按照一定的接线方案安装在金属柜内构成的一种组合式电器设备,用以进行控制、保护、计量、分配和监视等。

低压配电柜按结构分为固定式和抽屉式两种。

(1) 固定式低压配电柜。

固定式低压配电柜的结构简单,检修方便,占用空间大,造价相对较低。常用的有 GGD 系列,如图 6-21(a)所示。固定式低压配电柜多用于动力配电,出线回路少、占地较多。

(2) 抽屉式低压配电柜。

抽屉式低压配电柜的结构紧凑,占用空间较小,维修方便,但造价相对较高。常用的有 GCK、GCS 等系列,如图 6-21(b)和图 6-21(c)所示。GCK 系列主要用于动力中心和控制中心,也可用于变配电室的低压馈线;GCS 系列主要用于普通变配电室的低压馈线、建筑物配电容量大且出线回路多的一级配电,也可用于动力中心和控制中心。

3) 变压器

变压器是利用电磁感应原理改变交流电压的装置,通过将电力系统中的电压升高或

(a) GGD系列　　　　　(b) GCK系列　　　　　(c) GCS系列

图 6-21　低压配电柜

降低,以满足电能的输送、分配和使用要求。在建筑变配电系统中,变压器将电网送来的高压电降为用户能使用的低压电,常用的变压等级为 10kV/0.4kV。

变压器主要组成部件包括器身(铁芯、绕组、绝缘、引线)、油箱、冷却装置、调压装置、保护装置(吸湿器、安全气道、气体继电器、储油柜及测温装置等)和出线套管。变压器一般按图 6-22 所示的规则进行命名。

图 6-22　变压器命名规则

变压器按照冷却介质和冷却方式可分为干式变压器和油浸式变压器两类。

(1) 干式变压器。

干式变压器一般采用树脂绝缘,依靠自然风冷,大容量干式变压器可借助风机冷却,如图 6-23(a)所示。干式变压器防火性能好,损耗低,噪声小,耐潮湿,可在高湿度下运行。在综合建筑内(地下室、楼层中、楼顶等)和人员密集场所大多使用干式变压器,其容量有 100kV·A、125kV·A、160kV·A、200kV·A、250kV·A、400kV·A、630kV·A、800kV·A、1000kV·A、1250kV·A、2000kV·A、2500kV·A。

(2) 油浸式变压器。

油浸式变压器靠绝缘油进行绝缘,依靠绝缘油在变压器内部的循环将线圈产生的热量带到变压器的散热器(片)上进行散热,如图 6-23(b)所示。油浸式变压器具有较好的绝缘和散热性能,价格低,但不宜用于易燃、易爆场所。油浸式变压器适用于独立的变配电场所,其容量有 250kV·A、400kV·A、630kV·A、800kV·A、1000kV·A、2500kV·A、4000kV·A、8000kV·A、10000kV·A。

变压器的安装工艺流程为:器身检查→基础验收→设备开箱→设备二次搬运→变压器就位→附件安装及接线→交接试验→试运行前检查→试运行→交工验收。

新装的变压器在使用前需进行试验的目的是验证变压器的性能是否符合有关标准和技术文件的规定,制造上是否存在影响运行的各种缺陷,在交换运输过程中是否遭受损伤

(a) 干式电力变压器　　　　　(b) 油浸式电力变压器

图 6-23　电力变压器

或性能发生变化。变压器的交接试验项目主要有线圈直流电阻的测量、变压比的测量、线圈绝缘电阻和吸收比的测量、三相联接组别的检查、相位的检查、接线组别试验、交流耐压试验、冲击合闸试验等。

变压器安装工作全部结束后，在投入试运行之前应进行全面的检查和试验，确认其符合运行条件时，方可投入试运行。

6.3.4　室外线路的分类及施工工艺

室外线路是指建筑物外侧的供配电线路，包括架空线路和电缆线路。

1. 架空线路

1）架空线路的组成

架空线路是利用电杆、横担将导线悬空架设，向用户传送电能的供配电线路。架空线路的优点是设备简单、投资少、维护方便，但容易受自然环境和人为因素的影响，供电可靠性较低，且易造成人身安全事故，影响美观。

架空线路主要由电杆、横担、绝缘子（瓷瓶）、导线、拉线、金具、基础、接地装置等组成，如图 6-24 所示。

图 6-24　架空电力线路的组成

（1）电杆。

电杆是支撑导线的支柱。电杆有木杆、钢筋混凝土杆（也称水泥杆）和铁塔三种。在低压架空线路中一般采用钢筋混凝土杆。

(2) 横担。

横担是电杆上部用来安装绝缘子以固定导线的部件。横担固定在电杆的顶部,距顶部一般为 300mm。从材料来分,横担分为木横担、铁横担和瓷横担。低压架空线路中常用镀锌角钢横担,如图 6-25 所示。

(3) 绝缘子。

绝缘子又称瓷瓶,它被固定在横担上,用来使导线之间、导线与横担之间保持绝缘,同时也承受导线的垂直荷重和水平拉力。低压架空线路的绝缘子主要有针式和蝶式两种,如图 6-26 所示。

图 6-25 镀锌角钢横担

(a) 针式绝缘子　　　　　　　　(b) 蝶式绝缘子

图 6-26 绝缘子

(4) 导线。

架空导线一般可分为三大类,即单股导线、多股导线和复合材料多股绞线,按导电体的材料又可分为铜芯导线和铝芯导线。

(5) 拉线。

拉线在架空线路中的作用是平衡电杆各方向上的拉力,以防电杆弯曲或倾斜,所以在承力杆(例如转角杆、终端杆、耐张杆)上均装有拉线。

(6) 金具。

金具在架空线路敷设中,横担的组装、绝缘子的安装、导线的架设、电杆拉线的制作等都需要金属构件,这些金属构件统称为线路金具。

2) 架空线路的施工工艺

架空线路施工的一般程序如下:线路测量→竖立电杆→安装横担→架设导线→安装拉线。

(1) 线路测量。

进行线路标桩的检查,按直线杆塔、位移角度杆塔、无位移角度杆塔、不等高腿杆塔等形式杆塔基础的不同要求进行测量定位。直线杆塔顺线路和横线路方向位移不应超过设计档距的要求。转角杆塔、分支杆塔的横线路、顺线路方向的位移均应符合要求。

(2) 竖立电杆。

按照定位桩位置,首先挖坑,做防沉底基,然后立杆,最后回填土。立杆时,通常借助起重机,电工配合,协调工作。

(3) 安装横担。

根据施工图要求中横担的形式、数量、位置，在电杆上用抱箍等金具进行安装。横担安装完成后，即可安装绝缘子。

(4) 架设导线。

首先将导线放置在电杆下的地面上，然后将导线拉上电杆，用紧线器将导线在两根电杆间的弧垂度调整到规定范围后，再固定导线于绝缘子上。

(5) 安装拉线。

根据图纸要求，确定拉线形式、数量、方位，在现场制作拉线，安装拉线盘、上把、下把。

2. 电缆线路

目前，住宅小区、公共建筑等多采用电缆线路，其特点是供电可靠性高、使用安全、寿命长；但投资大，施工以及后期维修不太方便。电缆线路多为暗敷设，敷设方式有电缆直埋敷设、排管电缆敷设、电缆沟敷设、电缆桥架敷设等。

1) 电缆直埋敷设

电缆直埋敷设是将电缆直接埋入地下的敷设方式，如图 6-27 所示。电缆直埋敷设施工简单，造价低廉，散热性好，使用广泛，但容易受机械损伤和腐蚀，因此适合少量电缆的敷设。埋地敷设的电缆宜采用有外护层的铠装电缆。在无机械损伤的场所，可采用塑料护套电缆或带外护层的(铅、铝包)电缆。

电缆直埋敷设的施工程序如下：电缆检查→挖电缆沟→电缆敷设→铺砂盖砖→盖盖板→埋标志桩。

电缆直埋敷设时应注意以下几项技术要点。

图 6-27 电缆直埋敷设

(1) 直埋电缆的埋深应不小于 0.7m，穿越农田时应不小于 1m。在寒冷地区，电缆应埋设于冻土层以下。电缆沟的宽度，根据电缆的根数与散热所需的间距而定。

(2) 电缆互相交叉，与非热力管和管道交叉，穿越公路时，都要穿在保护管中，保护管长度超出交叉点 1m，交叉净距不应小于 250mm，保护管内径不应小于电缆外径的 1.5 倍。电缆引入建筑物、隧道时，要穿在管中，并将管口堵塞，防止渗水。电缆通过有振动和承受压力的地段应穿保护管。

(3) 直埋电缆在直线段每隔 50~100m 处、电缆接头处、转弯处、进入建筑物等处，应设置明显的方位标志或标桩。

(4) 电缆中间接头盒外面要有铸铁或混凝土保护盒。接头下面应垫以混凝土基础板，长度要伸出接头保护盒两端 600~700mm。

(5) 电缆敷设后，上面要铺 100mm 厚的软土或细砂，再盖上混凝土保护板，覆盖宽度应超过电缆两侧以外各 50mm，或用砖代替混凝土保护板。

(6) 严禁将电缆平行敷设于管道的上方或下方。

2) 排管电缆敷设

排管电缆敷设方式是将钢管、塑料管、石棉水泥管、陶瓷管或混凝土管等排成一层或几层埋于地下,然后将电缆穿于管内敷设的方式,如图 6-28 所示。电缆排管的管道内壁必须光滑。采用排管敷设能够减少电缆机械损伤和腐蚀,可以多层敷设,但电缆散热性能不好,电缆允许载流量减少,施工较为复杂,造价较高。

排管电缆敷设的施工程序如下:电缆检查→挖电缆沟→埋管→砌电缆井→覆土→管内穿电缆→清理现场→电缆头制作安装→电缆绝缘测试→埋标志桩。

图 6-28 排管电缆敷设

排管电缆敷设时应注意以下几项技术要点。

(1) 敷设时,按需要的孔数将管子排成一定形式,管子接头要错开,并用混凝土浇成一个整体,一般分为 2、4、6、8、10、12、14、16 孔等形式。孔径一般应不小于电缆外径的 1.5 倍,敷设电力电缆的排管孔径应不小于 100mm,控制电缆孔径应不小于 75mm。

(2) 埋入地下排管顶部至地面的距离,人行道上应不小于 500mm;一般地区应不小于 700mm。在直线距离超过 100m、排管转弯和分支处均需设置排管电缆井;排管通向井坑应有不小于 0.1% 的坡度,以便管内的水流入井坑内。敷设在排管内的电缆,应采用铠装电缆。

3) 电缆沟敷设

电缆沟敷设方式是将电缆在砖砌或混凝土浇筑的电缆沟或隧道内进行敷设,如图 6-29 所示。这种方式施工较为复杂且造价高,但可以使电缆免受机械损伤和腐蚀,是室内外常见的电缆敷设方法。

图 6-29 电缆沟敷设

电缆沟敷设的施工程序如下:电缆检查→挖电缆沟→砌沟、抹灰→埋电缆支架→支架上搁置电缆→支架接地线→盖电缆沟盖板。

电缆沟敷设时应注意以下几项技术要点。

(1) 电缆沟底应平整,并有 1% 的坡度,排水方式应分段(每段为 50m)设置积水井。

若地下水位高,积水井应设置排水泵排水,保持沟底无积水。

(2) 电缆支架层间的最小垂直净距应保证 10kV 及以下电力电缆为 150mm,控制电缆为 100mm。支架必须做防腐处理,支架或支持点的间距应符合设计要求。

(3) 电缆敷设在电缆沟或隧道的支架上时,电缆应按下列规则排列:①高压电力电缆应放在低压电力电缆的上层;②电力电缆应放在控制电缆的上层;③强电控制电缆应放在弱电控制电缆的上层;④电缆沟或隧道两侧均有支架时,1kV 以下的电力电缆与控制电缆应与 1kV 以上的电力电缆分别敷设在不同侧的支架上。

(4) 敷设在电缆沟的电缆与热力管道、热力设备之间的净距,平行时不应小于 1m,交叉时不应小于 0.5m。如果受条件限制,无法满足净距要求,则应采取隔热保护措施。电缆不宜平行敷设于热力设备和热力管道的上部。电缆与支架之间应用衬垫橡胶垫隔开,以保护电缆。电缆在沟内需要穿越墙体或顶板时,应穿保护钢管。

4) 电缆桥架敷设

架设电缆的构架称为电缆桥架,是金属电缆有孔托盘、无孔托盘、梯架及组合式托盘的统称,如图 6-30 所示。电缆桥架按结构形式分为托盘式、梯架式、组合式、全封闭式;按材质分为钢电缆桥架和铝合金电缆桥架。

图 6-30 电缆桥架敷设

电缆桥架敷设的施工程序为:弹线定位→预埋铁或膨胀螺栓→支吊架安装→桥架安装→保护地线安装→电缆绝缘测试和耐压试验→电缆敷设→挂标识牌。

电缆桥架敷设时应注意以下几项技术要点。

(1) 电缆桥架(托盘、梯架)水平敷设时的距地高度一般不宜低于 2.5m;无孔托盘(槽式)桥架距地高度可降低到 2.2m,垂直敷设时应不低于 1.8m。低于上述高度时应加金属盖板保护,但敷设在电气专用房间(如配电室、电气竖井、电缆隧道、技术层)内的除外。

(2) 电缆托盘、梯架经过伸缩沉降缝时,电缆桥架、梯架应断开,断开距离以 20~30mm 左右为宜。当直线段钢制桥架超过 30m,铝合金或玻璃钢电缆桥架超过 15m 时,应设有伸缩缝,宜采用伸缩板连接。

(3) 为保证线路运行安全,下列情况的电缆不宜敷设在同一层桥架上:①1kV 以上和 1kV 以下的电缆;②同一路径向一级负荷供电的双路电源电缆;③应急照明和其他照明的电缆；④强电和弱电电缆。

（4）电缆桥架内的电缆应在首端、尾端、转弯及每隔 50m 处设置编号、型号、规格及起止点等标记。

（5）电缆桥架在穿过防火墙及防火楼板时，应采取防火隔离措施，防止火灾沿洞口向上燃烧，电缆桥架穿防火墙示意图如图 6-31 所示。在防火隔离段施工中，应配合土建施工预留洞口，在洞口处预埋护边角钢。施工时根据电缆敷设的根数和层数使用角钢制作固定框，同时将固定框焊在护边角钢上。电缆桥架在穿过竖井时，应在竖井墙壁或楼板处预留洞口，配线完成后，洞口处应用防火隔板及防火堵料隔离，防火隔板可采用矿棉半硬板 EF—85 型耐火隔板或厚 4mm 钢板煅制。

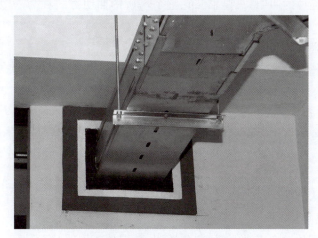

图 6-31　电缆桥架穿防火墙

3. 电力电缆连接

电缆敷设完毕，各线段必须连接为一个整体。电缆线路首末端称为终端，中间的接头则称为中间接头，主要作用是确保电缆密封、线路畅通。电力电缆头处的绝缘等级应符合要求，使其安全可靠运行。电缆头外壳与电缆金属护套及铠装层均应良好接地，接地线截面不宜小于 $10mm^2$。电缆头按制作安装材料可分为热缩式、冷缩式、干包式和环氧树脂浇注式，电缆头的结构如图 6-32 所示。

 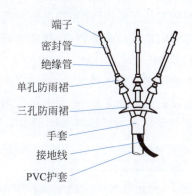

图 6-32　电缆头的结构

任务 6.4　建筑电气照明系统

6.4.1　照明方式和种类

1. 照明方式

建筑电气照明的方式主要有一般照明、分区一般照明、局部照明和混合照明四种。

1）一般照明

不考虑特殊部位的照明,只要求照亮整个场所的照明方式称为一般照明,如办公室、教室、仓库等。

2）分区一般照明

根据需要,加强特定区域的一般照明方式称为分区一般照明,如专用柜台、商品陈列处等。

3）局部照明

为满足某些部位的特殊需要而设置的照明方式称为局部照明,如工作台、教室的黑板区域等。

4）混合照明

以上照明方式的混合形式称为混合照明。

2. 照明种类

建筑电气照明种类有正常照明、应急照明、警卫值班照明、障碍照明和装饰照明等。

1）正常照明

正常照明是指在正常情况下,保证能顺利地完成工作而设置的照明,例如办公室、教室、厂房车间等。

2）应急照明

在正常照明电源因故障失效的情况下,供人员疏散、保障安全或继续工作用的照明称为应急照明。应急照明包括疏散照明、安全照明和备用照明。

在下列建筑场所应该装设应急照明。

（1）一般建筑的走廊、楼梯和安全出口等处。

（2）高层民用建筑的疏散楼梯、消防电梯及其前室、配电室、消防控制室、消防水泵房和自备发电机房。

（3）医院的手术室和急救室。

（4）人员较密集的地下室、每层人员密集的公共活动场所等。

应急照明光源应采用能瞬时点燃的照明光源,一般使用白炽灯、荧光灯、卤钨灯、LED灯等。

3）警卫值班照明

一般情况下,把正常照明中能单独控制的一部分或者应急照明的一部分作为警卫值班照明。警卫值班照明是在非生产时间内为了保障建筑及生产的安全,供值班人员使用的照明。

4) 障碍照明

在可能危及航行安全的建筑物或构筑物上安装的标志灯称为障碍照明。障碍照明应该按交通部门有关规定装设,如在高层建筑物的顶端应该装设飞机飞行用的障碍标志灯;在水上航道两侧建筑物上装设水运障碍标志灯。障碍照明灯应采用能透雾的红光灯具,有条件时宜采用闪光照明灯。

5) 装饰照明

为美化和装饰某一特定空间而设置的照明称为装饰照明。装饰照明以纯装饰为目的,不兼做工作照明。

6.4.2 照明电光源和灯具

1. 照明电光源

电光源是一种人造光源,是将电能转换为光能的一种照明设备。常用的电光源按照其工作原理分为热辐射光源、气体放电光源和 LED 光源三大类。

1) 热辐射光源

热辐射光源是利用某种物质通电加热而辐射发光的原理制成的光源,如白炽灯和卤钨灯等。

(1) 白炽灯。

白炽灯是第一代电光源的代表,主要由灯丝、灯头、玻璃支柱和玻璃壳等组成,工作原理是电流将钨丝加热到白炽状态而发光,如图 6-33 所示。

白炽灯的性能特点是结构简单、成本低、显色性好、使用方便、有良好的调光性能,但发光效率较低、寿命短。一般情况下,室内外照明不应采用白炽灯,在特殊情况下需采用时,其额定功率不应超过 100W。

(2) 卤钨灯。

卤钨灯是一种较新型的热辐射光源,它是在白炽灯的基础上改进而来的,如图 6-34 所示。与白炽灯相比,具有体积小、光效好、寿命长等特点,适用于电视转播照明,并用于绘画、摄影和建筑物投光照明等场所。卤钨灯管内充入适量的氩气和微量卤素(碘或溴),由于钨在蒸发时和卤素形成卤化钨,卤化钨在高温灯丝附近又被分解,使一部分钨重新附着在灯丝上,提高灯丝的工作温度和寿命。

2) 气体放电光源

气体放电光源是利用汞或钠气体辐射的紫外线激活荧光粉发光的原理制成的光源,如荧光灯、高压汞灯和高压钠灯等。根据气体的压力,又分为低压气体放电光源和高压气体放电光源。低压气体放电光源包括荧光灯和低压钠灯,这类灯中气体压力低;高压气体放电光源的特点是灯中气压高,负荷一般比较大,所以灯管的表面积也比较大,灯的功率也较大,也叫作高强度气体放电灯。

图 6-33 白炽灯

图 6-34 卤钨灯

(1) 荧光灯。

荧光灯是常用的一种低压气体放电光源，依靠汞蒸气放电时发出可见光和紫外线，紫外线又激励灯管内壁的荧光粉发出可见光，两者混合光色接近白色，如图 6-35 所示。由于荧光灯是低气压放电灯，工作在弧光放电区，当外电压变化时工作不稳定，因此必须与镇流器一起使用，将灯管的工作电流限制在额定数值。荧光灯具有结构简单、光效高、显色性较好、寿命长、发光柔和等优点。一般用在家庭、学校、研究所、工业、商业、办公室、控制室、设计室、医院、书馆等场所。

(2) 高压汞灯。

高压汞灯又叫作水银灯，是一种高压气体放电光源，如图 6-36 所示。高压汞灯的特点是结构简单、寿命长、耐振性较好，但光效低、显色性差。一般可用在街道、广场、车站、码头、工地和高大建筑的室内外照明，但不推荐应用。

图 6-35 荧光灯

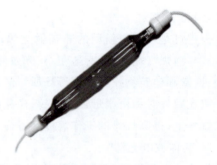
图 6-36 高压汞灯

(3) 高压钠灯。

高压钠灯是利用高压钠蒸气放电的原理进行工作的。它的光效比高压汞灯高，寿命长达 2500～5000h，紫外线辐射少，光线透过雾和水蒸气的能力强，但是显色性差，光源的色表和显色指数都比较低。高压钠灯常用在道路、机场、码头、车站、广场、体育场及工矿企业等场所照明,是一种理想的节能光源。

(4) 低压钠灯。

低压钠灯是电光源中光效最高的品种。它的优点是光色柔和、眩光小、光效特高、透雾能力极强,但是其光色近似单色黄光,分辨颜色的能力差,不宜用在繁华的市区街道和室内照明。低压钠灯适用于公路、隧道、港口、货场和矿区等场所。

(5) 金属卤化物灯。

金属卤化物灯是在高压汞灯的基础上为改善光色而研发的一种新型电光源。其特点是发光效率高、寿命长、显色性好。金属卤化物灯一般用于体育场、展览中心、游乐场所、街道、广场、停车场、车站、码头、工厂等。

(6) 管形氙灯。

管形氙灯又称长弧氙灯,放电时能产生很强的白光,接近连续光谱,和太阳光十分相似,故有"小太阳"之称,特别适用于大面积场所照明。其特点是功率大、发光效率较高、触发时间短、不需镇流器、使用方便。管形氙灯一般用在广场、港口、机场、体育场等照明和老化试验等要求有一定紫外线辐射的场所。

3) LED 光源

LED 光源是利用固体半导体芯片作为发光材料,在半导体中通过载流子发生复合放出过剩的能量而引起光子发射,直接发出红、黄、蓝、绿、青、橙、紫、白色的光。LED 照明产品就是利用 LED 作为光源制造出来的照明器具。随着电子技术的发展,目前这种光源在交通、汽车、建筑领域的应用也越来越广泛。

2. 灯具

灯具的类型很多,分类方法也很多,这里介绍几种常用的分类方法。

1) 按照灯具结构分类

(1) 开启型:光源裸露在灯具的外面,即灯具是敞口的,这种灯具的效率一般比较高。

(2) 闭合型:透光罩将光源包围起来,内外空气可以自由流通,透光罩内容易进入灰尘。

(3) 密闭型:这种灯具透光罩内外空气不能流通,一般用于浴室、厨房、潮湿或有水蒸气的厂房内等。

(4) 防爆型:这种灯具结构坚实,一般用在有爆炸危险的场所。

(5) 防腐型:这种灯具外壳用耐腐蚀材料制成,密封性好,一般用在有腐蚀性气体的场所。

2) 按安装方式分类

(1) 吸顶型:即灯具吸附在顶棚上。一般适用于顶棚比较光洁而且房间不高的建筑物。

(2) 嵌入顶棚型:除了发光面,灯具的大部分都嵌在顶棚内。一般适用于低矮的房间。

(3) 悬挂型:即灯具吊挂在顶棚上。根据吊用的材料不同分为线吊型、链吊型和管吊型。悬挂可以使灯具离工作面更近一些,提高照明经济性,主要用于建筑物内的一般照明。

（4）壁灯：即灯具安装在墙壁上。壁灯不能作为主要灯具，只能作为辅助照明，并且富有装饰效果，一般多用小功率光源。

（5）嵌墙型：即灯具的大部分或全部嵌入墙内，只露出发光面。这种灯具一般用于走廊和楼梯的深夜照明灯。

6.4.3 建筑电气照明配电系统的组成

按照电能输送方向，建筑电气照明配电系统由以下几部分组成：进户线→总配电箱→干线→分配电箱→支线→用户配电箱→末端用电设备，如图6-37所示。

微课：认识建筑电气照明配电系统的组成

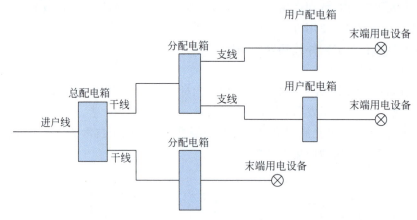

图6-37 电气照明配电系统的组成

1. 进户线

由建筑室外进入到室内配电箱的这段电源线叫进户线，通常有架空进户、电缆埋地进户两种方式。一栋单体建筑一般是一处进户，当建筑物长度超过60m或用电设备特别分散时，可考虑两处或两处以上进户。一般情况下应尽量采用电缆埋地进户方式，导线穿过建筑物基础时要穿钢管保护，并做防水、防火处理，具体做法可以参见《建筑电气安装工程图集》中相关内容。

架空进户和电缆埋地进户的施工注意要点详见6.3.4小节。

2. 配电箱

电气照明线路的配电级数一般不超过三级，即总配电箱、分配电箱和用户配电箱。配电级数过多，线路过于复杂，不便于维护。

配电箱内装有总开关、分开关、计量设备、短路保护元件和漏电保护装置等，如图6-38所示。总配电箱是一栋单体建筑连接电源、接收和分配电能的电气装置，总配电箱数量一般与进户处数相同。分配电箱是连接总配电箱和用电设备、接收和分配分区电能的电气装置。对于多层建筑可在某层设总配电箱，并由此引出干线向各层分配电箱配电。

配电箱根据用途不同可分为电力配电箱（AP）和照明配电箱（AL）两种。按产品类型

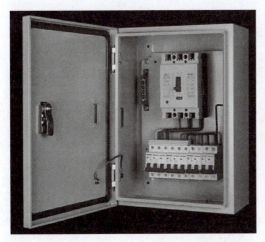

图 6-38　配电箱

不同划分为定型产品(标准配电箱)、非定型成套配电箱(非标准配电箱)及现场制作组装的配电箱。

3. 干线与支线

从总配电箱引至分配电箱的一段供电线路称为干线,其布置方式有放射式、树干式、混合式。支线是指从分配电箱引至各用户配电箱(或各末端用电设备)的一段供电线路,又称为回路。支线截面不宜过大,一般应在 $1.0 \sim 40.0 \text{mm}^2$ 范围之内。

4. 末端用电设备

干线、支线将电能送到用电末端,其用电设备包括灯具、控制灯具的开关、插座、电铃和风扇等。

灯具有一般灯具、装饰灯具(吊式、吸顶式、标志诱导灯、草坪灯、歌舞厅灯具等)、荧光灯(吊线、吊链、吊杆、吸顶)、工厂灯(工厂罩灯、投光灯、安全防爆灯等)、医院灯具(病房指示灯、暗脚灯、紫外线灯、无影灯)等多种形式。

灯具的开关用来实现对灯具通电、断电的控制,按控制方式分为单控、双控、三控等,按安装方式分为明装、暗装、密闭、防爆型。

插座有单相、三相之分,三相插座一般是四孔,单相插座有两孔、三孔、多孔,按安装方式分为明装、暗装、密闭、防爆型,如图 6-39 所示。

(a) 两孔插座　　　　　(b) 三孔插座　　　　　(c) 多孔插座

图 6-39　插座

6.4.4 室内照明配电线路的施工工艺

照明配电线路敷设分明敷和暗敷两种,明敷是在建筑物墙、板、梁、柱的表面敷设导线或穿导线的槽、管,暗敷是在建筑物墙、板、梁、柱里敷设导线。常见的照明配电线路敷设方式包括导管配线、线槽配线、电缆桥架配线、封闭式母线配线等,在大跨度的车间也会用到钢索配线。

1. 配电要求

配电要求应满足以下几点:①要求供电可靠、电压质量高;②配电线路力求接线简单,操作方便,安全,具有一定的灵活性,并能适应用电负荷的发展需要;③多层建筑宜分层设置配电箱,每套房间宜有独立的电源开关,单相用电设备应适当配置,力求达到三相负荷平衡。

2. 室内照明配电线路的敷设

1) 室内线路敷设的一般要求

室内线路敷设时应满足以下几点要求。

(1) 所用导线的额定电压应大于线路的工作电压。

(2) 导线敷设时,应尽量减少接头。穿管导线和槽板配线中间不允许有接头,必须接头时,应把接头放在接线盒、开关盒或灯头盒内。

(3) 导线在连接和分支处,不应受机械力的作用,导线与电器端子的连接要牢靠压实。

(4) 各种明配线应垂直和水平敷设,且要求横平竖直,其偏差应符合有关规定。一般导线水平高度距地不应小于 2.5m,垂直敷设不应低于 1.8m,否则应加管、槽保护,以防机械损伤。

(5) 明配线穿墙时应采用经过阻燃处理的保护管保护,穿过楼板时应采用钢管保护,其保护高度与楼面的距离不应小于 1.8m,但在装设开关的位置时可与开关高度相同。

(6) 入户线在进墙的一段应采用额定电压不低于 500V 的绝缘导线;穿墙保护管的外侧应有防水弯头,且导线应弯成滴水弧状后才能引入室内。

(7) 电气线路经过建筑物、构筑物的沉降缝或伸缩缝时,应装设两端固定的补偿装置,导线应留有余量。

2) 室内线路敷设方式

(1) 钢管配线。

钢管配线是指将导线穿入钢管进行敷设,适用于建筑物内明、暗敷设工程,不适用于具有酸、碱等腐蚀介质场所的配管工程。钢管配线常使用的钢管有焊接钢管、电线管、普利卡金属管和金属软管等。

管路敷设时应尽量减少中间接线盒,在管路较长或转弯时可加装接线盒。管路水平敷设时,高度不应低于 2.0m;管路垂直敷设时,不低于 1.5m(1.5m 以下应加保护管保护)。

为了穿线方便,在电线管路长度和弯曲超过下列数值时,中间应增设接线盒:①管子长度每超过 30m,无弯曲时;②管子长度每超过 20m,有一个弯时;③管子长度每超过 15m,有两个弯时;④管子长度每超过 8m,有三个弯时;⑤暗配管两个接线盒之间不允许出现四个弯。

(2) 塑料管配线。

塑料管有硬塑料管、半硬塑料管、塑料波纹管、软塑料管等。硬质塑料管(PVC 管)适用于民用建筑或室内有酸、碱腐蚀性介质的场所,但环境温度在 40℃ 以上的高温场所或在经常发生机械冲击、碰撞、摩擦等易受机械损伤的场所不应使用。半硬塑料管适用于正常环境一般室内场所,不应用于潮湿、高温和易受机械损伤的场所。混凝土板孔布线应用塑料绝缘电线穿半硬塑料管敷设。建筑物顶棚内以及现浇混凝土内,不宜采用塑料波纹管。

管路敷设时,若采用套管连接,则套管长度为连接管径的 1.5~3 倍,套管口用专用塑料管黏结剂粘接。当采用插入连接时,用两个管径相同的管子,将一根管子端头加热软化后,把另一个端头涂胶的管子插入而形成连接。插入的长度为管径的 1.1~1.8 倍。直管每隔 30m 应加装补偿装置。塑料管引出地面时,应用钢管保护,或用专用过渡接头连接钢管与塑料管,由钢管引出地面。

(3) 线槽配线。

配线用线槽主要有塑料线槽和金属线槽。线槽配线适用于正常环境中室内明布线,金属线槽不宜在有腐蚀性气体或液体环境中使用。线槽由槽底、槽盖及附件组成,外形美观,可对建筑物起到一定的装饰作用。

(4) 电缆桥架配线。

电缆桥架可以用来敷设电力电缆、控制电缆等,适用于电缆数量较多或较集中的室内外及电气竖井内等场所架空敷设,也可以在电缆沟和电缆隧道内敷设。电缆桥架把电缆从配电室或控制室送到用电设备。

电缆桥架按形式分为梯级式、托盘式、槽式、组合式;电缆桥架按材料分为钢制、铝合金制和玻璃钢制。

(5) 封闭式插接母线配线。

封闭式插接母线(又称母线槽)配线是将电源母线封闭安装在特制的金属槽内,再进行敷设的配电线路。由于它具有体积小、绝缘强度高、传输电流大、性能稳定、供电可靠、规格齐全、施工方便等特点,现已广泛用于高层建筑和多层厂房等建筑。

6.4.5 照明用电器具的施工工艺

1. 灯具的施工工艺

1) 灯具安装的注意事项

灯具安装时应注意满足以下几项技术要点。

(1) 安装的灯具应配件齐全,无机械损伤和变形,油漆无脱落,灯罩无损坏;螺口灯头接线必须将相线接在中心端子上,零线接在螺纹的端子上;灯头外壳不能有破损和漏电。

(2) 照明灯具使用的导线按机械强度最小允许截面应符合表 6-5 的规定。

表 6-5　照明灯具使用的导线线芯最小截面

安装场所及用途		线芯最小截面/mm²		
		铜芯软线	铜线	铝线
照明灯头线	(1) 民用建筑室内	0.4	0.5	1.5
	(2) 工业建筑室内	0.5	0.8	2.5
	(3) 室外	1.0	1.0	2.5
移动式用电设备	(1) 生活用	0.4		
	(2) 生产用	1.0		

(3) 灯具安装高度按施工图样设计要求进行施工，若图样无要求时，室内一般在 2.5m 左右，室外在 3m 左右；地下建筑内的照明装置应有防潮措施；配电盘及母线的正上方不得安装灯具；事故照明灯具应有特殊标志。

(4) 嵌入顶棚内的装饰灯具应固定在专设的框架上，电源线不应贴近灯具外壳，灯线应留有余量，固定灯罩的框架边缘应紧贴在顶棚上，嵌入式日光灯管组合的开启式灯具、灯管应排列整齐，金属间隔片不应有弯曲扭斜等缺陷。

(5) 当灯具质量大于 3kg 时，需固定在螺栓或预埋吊钩上，且不得使用木楔，每个灯具固定用螺钉或螺栓不少于两个，当绝缘台直径在 75mm 及以下时，可采用 1 个螺钉或螺栓固定。

(6) 软线吊灯，灯具质量在 0.5kg 及以下时，采用软电线自身吊装，大于 0.5kg 的灯具灯用吊链，软电线编叉在吊链内，使电线不受力；吊灯的软线两端应做保护扣，两端芯线搪锡；顺时针方向压线。当装升降器时，要套塑料软管，并采用安全灯头；当采用螺口灯头时，相线要接于螺口灯头中间的端子上。

2) 吊灯的安装

(1) 在混凝土顶棚上安装。

在混凝土顶棚上安装应事先预埋铁件或放置穿透螺栓，还可以用胀管螺栓进行紧固。大型吊灯因体积大、灯体重，必须固定在建筑物的主体棚面上（或具有承重能力的构架上），不允许在轻钢龙骨吊棚上直接安装。采用胀管螺栓紧固时，胀管螺栓规格最小不宜小于 M6，螺栓数量至少要有两个，不能采用轻型自攻型胀管螺钉。

(2) 在吊顶上安装。

在吊顶上安装小型吊灯时，必须在吊棚主龙骨上设灯具紧固装置。可将吊灯通过连接件悬挂在紧固装置上，其紧固装置与主龙骨上的连接应可靠，有时需要在支持点处对称加设与建筑物主体棚面间的吊杆，以抵消灯具加在吊棚上的重力，使吊棚不至于下沉、变形。吊杆出顶棚面最好加套管，这样可以保证顶棚面板的完整。

3) 吸顶灯的安装

(1) 在混凝土顶棚上安装。

安装时，应在浇筑混凝土前根据图样要求把木砖预埋在里面，也可安装金属胀管螺栓。在安装灯具时，把灯具的底台用木螺钉安装在预埋木砖上，或者用紧固螺栓将底盘固定在混凝土棚顶的金属胀管螺栓上,吸顶灯再与底台、底盘固定。如果灯具底台直径超过100mm,往预埋木砖上固定时,必须用两个螺钉。圆形底盘吸顶灯紧固螺栓数量不得少于3个;方形或矩形底盘吸顶灯紧固螺栓不得少于4个。

(2) 在吊顶上安装。

轻型吸顶灯可以直接安装在吊顶棚上,但不得用吊顶棚的罩面板作为螺钉的紧固基面。安装时应在罩面板的上面加装木方,木方规格通常为60mm×40mm,木方要固定在吊棚的主龙骨上,安装灯具的紧固螺钉拧紧在木方上。较大型吸顶灯安装,原则是不让吊棚承受更大的重力,可以用吊杆将灯具底盘等附件装置悬吊固定在建筑物的主体顶棚上或者固定在吊棚的主龙骨上,也可以在轻钢龙骨上紧固灯具附件,然后将吸顶灯安装至吊顶棚上。

4) 荧光灯的安装

荧光灯电路由3个主要部分组成:灯管、镇流器和起辉器。安装时应按电路图正确接线,开关应装在镇流器侧,镇流器、启辉器、电容器需相互匹配。荧光灯的安装方式包括吸顶式安装和吊链式安装。

(1) 吸顶式安装。

吸顶式荧光灯的安装应根据设计图纸确定荧光灯的位置,将荧光灯贴紧建筑物表面。荧光灯的灯架需完全遮盖住灯头盒,对着灯头盒的位置打好进线孔,将电源线甩入灯架,在进线孔处套上塑料管以保护导线。找好灯头盒螺孔的位置,在灯架的底板上用电钻打好孔,用机螺钉拧牢固,在灯架的另一端用胀管螺栓加以固定。如果荧光灯安装在吊顶上,应将灯架固定在龙骨上。灯架固定好后,将电源线压入灯架内的端子板上。把灯具的反光板固定在灯架上,并将灯架调整顺直,最后把荧光灯管接好。

(2) 吊链式安装。

吊链荧光灯的安装是在建筑物顶棚上安装好的塑料(木)台上进行,根据灯具的安装高度,将吊链编好挂在灯架挂钩上,并且将导线顺序编叉在吊链内,引入灯架,在灯架的进线孔处套上软塑料管以保护导线,压入灯架内的端子板内。将灯具的导线和灯头盒中甩出的导线连接,并用绝缘胶布分层包扎紧密,理顺接头扣于塑料(木)台上的法兰盘内,法兰盘(吊盒)的中心应与塑料(木)台的中心对正,用木螺钉将其拧牢。将灯具的反光板用机螺钉固定在灯架上,最后调整好灯脚,将灯管装好。

5) 应急照明灯具的安装

应急照明灯具在安装时应注意以下几点要求。

(1) 应急照明灯的电源除正常电源外,另有一条电源供电站;或者是独立于正常电源的柴油发电机组供电;或由蓄电池柜供电或选用自带电源型应急灯具。应急照明在正常电源断电后,电源转换时间应符合相应规定。

(2) 疏散照明由安全出口标志灯和疏散标志灯组成。安全出口标志灯距地高度不低于2m,且安装在疏散出口和楼梯口里侧的上方。

(3) 疏散标志灯安装在安全出口的顶部,楼梯间、疏散走道及其转角处应安装在1m以下的墙面上,不易安装的部位可安装在上部。疏散通道上的标志灯间距不大于20m(人防工程不大于10m)。

(4) 当应急照明灯具、运行中温度大于60℃的灯具靠近可燃物时,应采取隔热、散热等防火措施。

2. 插座的安装

1) 插座安装的一般规定

插座安装时需注意以下几点规定。

(1) 住宅用户一律使用同一牌号的安全型插座,同一处所的安装高度一致,距地面高度一般不应小于1.3m,以防小孩用金属丝探试插孔面发生触电事故。

(2) 车间及实验室的明暗插座,一般距地面高度不应低于0.3m,特殊场所暗装插座不应低于0.15m,同一室内安装位置高低差不应大于5mm;并列安装的相同型号的插座高度差不宜大于0.5mm;托儿所、幼儿园、小学等场所宜选用安全插座,其安装高度距地面应为1.8m;潮湿场所应使用安全型防溅插座。

(3) 住宅使用安全插座时,其距地面高度不应小于200mm,如设计无要求,安装高度可为0.3m,对于用电负荷较大的家用电器如电磁炉、微波炉等,应单独安装插座。

2) 插座接线

单相两孔插座,面对插座的右孔或上孔与相线连接,左孔或下孔与零线连接;单相三孔插座,面对插座的右孔与相线连接,左孔与零线连接;单相三孔和三相四孔或五孔插座的接地或接零均应在插座的上孔;插座的接地端子不应与零线端子直接连接。插座接线如图6-40所示。

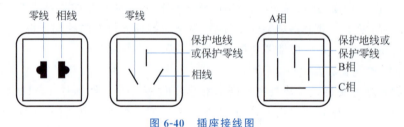

图6-40 插座接线图

3. 照明开关的安装

1) 照明开关安装的一般规定

照明开关安装应注意以下几项规定。

(1) 同一场所开关的标高应一致,且应操作灵活、接触可靠;照明开关安装位置应便于操作,各类开关距地面一般为1.3m,开关边缘距门框为0.15～0.2m,且不得安装在门的反手侧。翘板开关的板把应上合下分,但一灯多开关控制者除外;照明开关应接在相线上。

(2) 在多尘和潮湿场所应使用防水防尘开关;在易燃、易爆场所,开关一般应装在其他场所,或用防爆型开关;明装开关应安装在符合规格的圆方或木方上。

2) 照明开关安装工艺

目前的住宅装饰几乎都是采用暗装翘板开关,常见的还有调光开关、调速开关、触摸开关、声控开关,它们均属暗开关,其板面尺寸与暗装翘板开关相同。暗装开关通常安装在门边。触摸开关、声控开关是一种自控关灯开关,一般安装在走廊、过道上,距地高度为

1.2~1.4m。暗装开关在布线时,考虑用户今后用电的需要,一般要在开关上端设一个接线盒,接线盒距墙顶为15~20cm。图6-41所示为开关接线分析图。

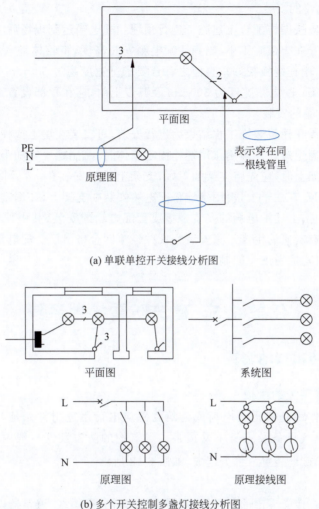

图 6-41 开关接线分析图

6.4.6 配电箱的施工工艺

配电箱的安装方式有明装和暗装两种,明装配电箱有落地式和悬挂式。
1. 配电箱安装的一般规定

在配电箱内,有交流、直流或不同电压时,应有明显的标志或分设在单独的板面上。导线引出板面时,均应套设绝缘管。三相四线制供电的照明工程,其各相负荷应均匀分配,并标明用电回路名称。配电箱暗装时,其面板四周边缘应紧贴墙面,箱体与建筑物接触的部分应刷防腐漆。配电箱安装垂直偏差不应大于3mm。暗装照明配电箱的底边距地面一般为 1.5m，悬挂式配电箱安装时箱底一般距地面 2m。

2. 配电箱的安装

1）暗装配电箱的安装

暗装配电箱应按图样配合土建施工进行预埋。配电箱运到现场后应进行外观检查和产品合格证检查。在土建施工中，当到达配电箱安装高度，将箱体埋入墙内，箱体要放置平整，箱体放置后用托线板找好垂直使之符合要求。宽度超过 500mm 的配电箱，其顶部需安装混凝土过梁；配电箱宽度为 300mm 及其以上时，应在顶部设置钢筋砖。

2）明装配电箱的安装

明装配电箱需在建筑装饰工程结束后进行安装，可安装在墙上或柱子上，直接安装在墙上时应先埋设固定螺栓。当用燕尾螺栓固定箱体时，燕尾螺栓宜随土建墙体施工预埋。配电箱安装在支架上时，应先将支架加工好，支架上钻好安装孔，然后将支架埋设固定在墙上，或用抱箍固定在柱子上，再用螺栓将配电箱安装在支架上，并调整其水平和垂直。

需要注意的是，上述配电箱的安装是指成套配电箱的安装，其中低压断路器、漏电保护器的安装已由有资质的生产厂家安装完成并经检验合格出厂。配电箱的落地式和悬挂式安装，在施工时均应考虑支架制作与安装。

任务 6.5　建筑防雷接地系统

6.5.1　建筑防雷接地装置

1. 建筑防雷装置的组成

微课：认识建筑物防雷接地装置

防雷装置的作用是将雷云电荷或建筑物感应电荷迅速引导入地，以保护建筑物、电气设备及人身不受损害。建筑物的防雷装置一般由接闪器、引下线和接地装置三部分组成，如图 6-42 所示。

1）接闪器

接闪器是指直接受雷击的避雷针、避雷带、避雷网、避雷线、避雷器以及用作接闪的金属屋面和金属构件（如金属烟囱、风管）等。所有接闪器必须通过引下线与接地装置进行可靠连接。

（1）避雷针。

避雷针是安装在建筑物突出部位或独立装设的针形导体，在雷云的感应下，将雷云的放电通路吸引到避雷针本身，完成避雷针的接闪作用，由它及与它相连的引下线和接地体将雷电流安全导入地中，从而保护建筑物和设备免受雷击。避雷针通常采用镀锌圆钢或镀锌钢管制成，避雷针形状如图 6-43 所示。避雷针应考虑防腐蚀，除应镀锌或涂漆外，在腐蚀性较强的场所，还应适当加大截面或采取其他防腐措施。

（2）避雷带和避雷网。

避雷带是采用小截面圆钢或扁钢装于建筑物易遭雷击的部位，如屋脊、屋檐、屋角、女儿墙和山墙等。避雷网相当于纵横交错的避雷带叠加在一起，形成多个网孔，它既是接闪

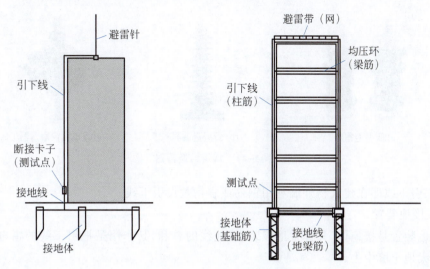

图 6-42 建筑防雷装置的组成

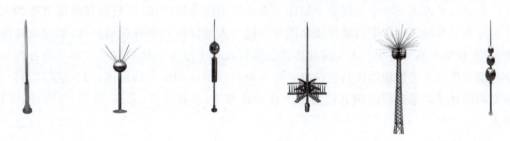

图 6-43 各种形状的避雷针

器,同时又是防感应雷的装置。

(3) 避雷线。

避雷线一般采用截面面积不小于 $35mm^2$ 的镀锌钢绞线,架设在架空线路之上,以保护架空线路免受直接雷击。

(4) 避雷器。

避雷器是用来防护雷电波沿线路侵入建筑物内,使电气设备免遭破坏的电气元件。正常时,避雷器的间隙保持绝缘状态,不影响系统的运行;当因雷击有高压波沿线路袭来时,避雷器间隙被击穿,强大的雷电流导入大地;当雷电流通过以后,避雷器间隙又恢复绝缘状态,供电系统正常运行。常用的避雷器有阀型避雷器、管型避雷器、氧化锌避雷器等,如图 6-44 所示。

(5) 金属屋面。

除一类防雷建筑物外,金属屋面的建筑物宜利用其屋面作为接闪器,但应符合有关规范的要求。

2) 引下线

引下线是连接接闪器与接地装置的金属导体,一般采用圆钢或扁钢,应优先使用圆钢,一般可分为自然引下线和人工引下线。自然引下线即利用建筑物柱内钢筋作为引下

(a) 阀型避雷器　　　　　(b) 管型避雷器　　　　　(c) 氧化锌避雷器

图 6-44　常用的避雷器

线,人工引下线即在建筑物外墙利用钢筋或扁钢敷设引下线。

3) 接地装置

接地装置是接地体(又称接地极)和接地线的总和,其作用是把引下线的雷电流迅速疏散到大地土壤中去。

(1) 接地体。

接地体是埋入土壤中或混凝土基础上作散流用的金属导体,可分为自然接地体和人工接地体。自然接地体是指兼作接地用的直接与大地接触的各种金属构件,如建筑物的钢结构、埋地金属管道等。人工接地体是直接打入地下专作接地用的经过加工的各种型钢和钢管等。人工接地体按其敷设方式分为垂直接地体和水平接地体。在高层建筑中,通常利用柱子和基础内的钢筋作为引下线和接地体,具有经济、美观、免维护、寿命长的特点。

(2) 接地线。

接地线是从引下线断接卡或换线处至接地体的连接导体,也是接地体与接地体之间的连接导体。接地线一般为镀锌扁钢或镀锌圆钢,并具有一定的机械强度,其截面面积应与水平接地体相同。移动式电气设备或钢质导线连接困难时,可采用有色金属作为人工接地线,但严禁使用裸铝导线作接地线。

不仅仅是防雷装置的接闪器需要接地,电气工程中的很多电气设备为了正常工作和安全运行,其中性点或金属构架、外壳都必须接地,即必须配备相应的接地装置,这种接地装置的组成与防雷装置是一样的。

2. 接地系统

接地系统是将电气设备的某些部位、电力系统的某点与大地相连,提供故障电流及雷电流的泄流通道,稳定电位,提供零电位参考点,以确保电力系统、电气设备的安全运行,同时确保电力系统运行人员及其他人员的人身安全。

1) 接地的分类

(1) 工作接地。

在正常情况下,为保证电气设备的可靠运行并提供部分电气设备和装置所需要的相电压,将电力系统中的电源中性点通过接地装置与大地直接相连,这种接地方式称为工作接地。工作接地示意图如图 6-45 所示。

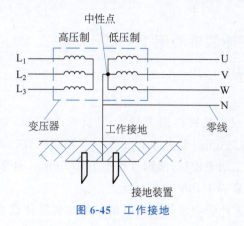

图 6-45 工作接地

(2) 保护接地。

为了防止电气设备由于绝缘损坏而造成的触电事故,将电气设备的金属外壳通过接地线与接地装置连接起来,这种为保护人身安全的接地方式称为保护接地。保护接地示意图如图 6-46 所示。

(3) 重复接地。

当线路较长或接地电阻要求较高时,为尽可能降低零线的接地电阻,除电源中性点直接接地外,将零线上一处或多处再进行接地,这种接地方式称为重复接地。重复接地示意图如图 6-47 所示。

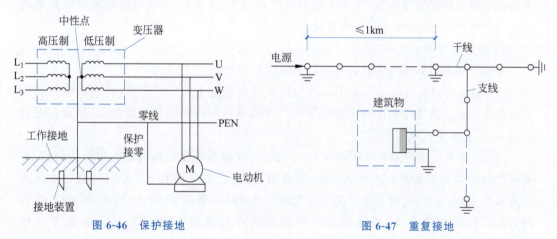

图 6-46 保护接地　　　　　　　　图 6-47 重复接地

2) 接零的分类

(1) 工作接零。

单相用电设备为取得单相电压而接的零线,称为工作接零。其连接线称为中性线(N),与保护线共用的称 PEN 线。

(2) 保护接零。

为了防止电气设备因绝缘损坏而使人身遭受触电危险,将电气设备的金属外壳与电源的中性线用导线连接起来,称为保护接零。其连接线称为保护线(PE)。

6.5.2 建筑防雷接地装置的施工工艺

1. 接闪器的施工工艺

1) 避雷针的安装

避雷针一般用镀锌圆钢或镀锌钢管制成,其针长度在1m以内时,圆钢直径不小于12mm,钢管直径不小于20mm。针长度在1~2m时,圆钢直径不小于16mm,钢管直径不小于25mm。烟囱顶上的避雷针,圆钢直径不小于20mm,钢管直径不小于40mm。

避雷针安装时应注意以下几项技术要点。

(1) 建筑物上的避雷针应和建筑物顶部的其他金属物体连成一个整体的电器通路,并与避雷引下线连接可靠。

(2) 选择避雷针安装地点时应满足以下要求:①在地面上,由独立避雷针到配电装置的导电部分以及到变电所电气设备和构架接地部分的空间距离不小于5m;②在地下,由独立避雷针本身的接地装置到变电所接地网间最小距离不小于3m;③避雷针不应装在人、畜经常通行的地方,与道路或建筑物出入口等的距离应大于3m,否则应采取保护措施。

(3) 不得在避雷针构架上设低压线路或通信线路。装有避雷针和避雷线的构架上的照明灯电源线,必须采用直埋于土壤中的带金属护层的电缆或穿入金属管的导线。电缆金属护层或金属管必须接地,埋入土壤的长度应在10m以上,方可与配电装置的接地网相连或与电源线、低压配电装置相连接。

2) 避雷带和避雷网的安装

避雷带和避雷网在安装时需注意以下两项技术要点。

(1) 明装避雷带的安装可采用预埋扁钢或预制混凝土支座等方法,将避雷带与扁钢支架焊为一体。避雷带弯曲角不宜小于90°,弯曲半径不小于圆钢直径的10倍或扁钢宽度的6倍,且不能弯成直角。

(2) 避雷带应高出重点保护部位0.1m以上,在建筑物变形缝处做防雷跨越处理,将避雷带向内侧面弯曲成半径为100mm的弧形,并且此处支持卡子中心与建筑物边缘的距离减至400mm,可以将避雷带向下部弯曲。安装好的避雷带(网)应平直、牢固,不应有高低起伏和弯曲现象,平直度每2m检查段允许偏差值不宜大于3‰,全长不宜超过10mm。

3) 避雷线的安装

避雷线在设计施工时需注意以下几点。

(1) 设计避雷线架空高度时,必须考虑弧垂。

(2) 避雷线安装位置最好在被保护物的几何轴线上,如果无法安装在几何轴线上,则保护宽度应大于几何对称半径。

(3) 避雷线支架节间最好使用法兰盘连接,确保支架被迫晃动时有一定的伸缩量。

(4) 架线时要把握好松紧度,必须考虑避雷线的热胀冷缩量。

4)避雷器的安装

避雷器装设在被保护物的引入端,其上端接在线路上,下端接地。

2. 引下线的施工工艺

引下线分为明敷和暗敷两种。

明敷引下线安装应在建筑物外墙装饰完成后进行,支持卡的间距应均匀,水平直线部分间距为 0.5~1.5m,垂直直线部分间距为 1.5~3m,弯曲部分间距为 0.3~0.5m。

暗敷引下线沿砖墙或混凝土构造柱内敷设,应配合土建主体施工,暗敷在建筑物抹灰层内的引下线应由卡钉分段固定,垂直固定距离为 1.5~2m。施工时,先将圆钢或扁钢调直与接地体连接好,然后由下至上随墙体砌筑敷设,路径应短而直,至屋顶上与避雷带焊接。

利用建筑物钢筋混凝土中的主筋作为引下线时,每条引下线不得少于两根。按设计要求找出全部主筋位置,用油漆做好标记,距室外地平 1.8m 处焊好测试点,随钢筋逐层焊接至顶层,焊接出一定长度的引下线,搭接长度不小于 100mm。

无论是明敷的引下线还是暗敷的引下线,均应按设计要求设有断接卡,便于接地电阻的测试。

3. 接地装置的施工工艺

1)人工接地体的加工

埋于土壤中的人工垂直接地体宜采用角钢、钢管或圆钢,埋于土壤中的人工水平接地体宜采用扁钢或圆钢。圆钢直径不应小于 10mm;扁钢截面面积不应小于 100mm^2,厚度不应小于 4mm;角钢厚度不应小于 4mm;钢管壁厚不应小于 3.5mm。如采用钢管打入地下,应根据土质加工成一定的形状,如为松软土壤时,可加工成斜面形,为了避免打入时受力不均使管子歪斜,也可以加工成扁尖形;如为硬土质时,可将尖端加工成圆锥形,如图 6-48 所示。

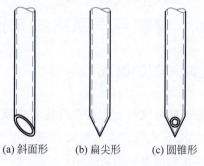

(a)斜面形　(b)扁尖形　(c)圆锥形

图 6-48　接地钢管的形状

2)接地装置的安装

安装人工接地体时,应按设计施工图进行。安装接地体前,先按接地体的线路挖沟,以便打入接地体和敷设连接接地体的扁钢。按设计规定测出接地网的线路,在此线路挖掘出深为 0.8~1.0m、宽为 0.5m 的沟,沟的中心线与建(构)筑物基础的距离不得小于 2m。

垂直接地体在打入地下时一般采用打桩法。一人扶着接地体,另一人用大锤打接地体顶端,接地体与地面应保持垂直。按设计位置将接地体打在沟的中心线上,接地体露出沟底面上的长度为150~200mm(沟深为0.8~1.0m)时,接地体的有效深度不应小于2m,可停止打入,使接地体顶端距自然地面的距离为600mm,接地体间距一般不小于5m。敷设的钢管或角钢及连接扁钢应避开其他地下管路、电缆等设施,避雷引下线与暗管敷设的电、光缆最小平行距离应为1m,最小垂直交叉距离应为0.3m;保护地线与暗管敷设的电、光缆最小平行距离应为0.05m,最小垂直交叉距离应为0.02m。

水平接地体多用于环绕建筑四周的联合接地,常用40mm×4mm的镀锌扁钢。当接地体沟挖好后,应侧向敷设在地沟内(不应平放),侧向放置时,散流电阻小。接地体的顶部距地面埋设深度不小于0.6m,多根接地体水平敷设时的间距不小于5m。

3) 接地线的安装

(1) 接地干线的敷设。

接地干线通常选用截面不小于12mm×4mm的镀锌扁钢或直径不小于6mm的镀锌圆钢。安装位置应便于维修,并且不妨碍电气设备的维修,一般水平敷设或垂直敷设;接地干线与建筑物墙壁应留有10~15mm的间隙,水平安装离地面一般为250~300mm。

接地干线支持卡子之间的距离应保证水平部分为0.5~1.5m,垂直部分为1.5~3.0m,转弯部分为0.3~0.5m。设计要求接地的金属框架和金属门窗,应就近与接地干线连接可靠,连接处采取防电化学腐蚀的措施。

(2) 接地支线的安装。

每个电气设备的连接点必须有单独的接地支线与接地干线连接,不允许几根支线串联后再与干线连接,也不允许几根支线并联在干线的一个连接点上。

任务6.6 建筑电气系统施工图的识读

6.6.1 建筑电气系统施工图的组成与内容

建筑电气系统的工程图纸是电气从业人员进行技术交流和生产活动的"媒介",通过识读建筑电气系统工程图纸,建筑电气技术人员可以进行电气系统施工、购置设备材料、编制审核电气工程概预算以及后期电气设备的运行、维护和检修等工作。因此,作为建筑电气的相关从业人员,必须熟读建筑电气系统工程图纸,准确理解图纸设计人员的意图,方能保质保量地完成各项生产任务。

建筑电气的规模有大有小,反映不同规模的工程图纸的种类、数量、内容也是不尽相同的。在常见工程类型项目中,建筑电气施工图主要包括电气照明施工图、动力配电施工图、防雷接地施工图和弱电系统施工图等几种形式。

建筑电气施工图通常由图纸目录、设计施工说明、设备材料表与图例、电气系统图、电气平面图、控制原理图、安装接线图、安装大样图(详图)等构成。

1. 图纸目录

图纸目录位于建筑电气施工图纸的首页,类似于书本的目录,在图纸目录中通常载有本套建筑电气图纸的所有图纸排列序号、图号、图纸名称、图纸规格、图纸版本及日期等信息。图纸目录可反映出一套完整电气施工图纸的编排顺序,便于阅读查找。

2. 设计施工说明

设计施工说明主要阐述电气工程的概况和设计的依据意图,用于表达系统图和平面图等图纸中表达不清楚或者没有必要表达出来的,但又与施工等生产活动有关系的一些内容,要求内容简单明了、通俗易懂,语言不能有歧义。其主要内容包括供电方式、电压等级、主要线路敷设形式以及图中未能明确的各种电气安装高度、工程主要技术验收数据、施工验收要求以及有关事项等。

3. 设备材料表与图例

设备材料表中通常会列出电气工程所需的主要设备、管材、导线、开关、插座等的名称、型号、规格、数量、安装方式与高度等信息。图例会表达本套电气图纸中所使用的各类图形表示符号。需要特别注意的是,设备材料表上所列主要材料的数量由于与工程量的计算方法和要求不同,不能作为工程量编制预算依据,只能作为参考数量。

4. 电气系统图

电气系统图是表明电力系统设备安装、配电顺序、原理和设备型号、数量及导线规格等关系的图纸。它不表示空间位置关系,只是示意性地将整个工程的供电线路用单线连接形式进行表示的线路图。通过识读系统图可以了解:①整个变、配电系统的连接方式,从主干线至各分支回路控制情况;②主要变电设备、配电设备的名称、型号、规格及数量;③主干线路的敷设方式、型号、规格。

5. 电气平面图

电气平面图是表现电气设备与线路平面布置的图纸,它是进行电气安装的重要依据。电气平面图包括电气总平面图、电力平面图、照明平面图、变电所平面图、防雷与接地平面图等。电力及照明平面图表示建筑物内各种设备与线路之间的平面布置关系、线路敷设位置、敷设方式、线管与导线的规格、设备的数量、设备型号等。

在电力及照明平面图上,设备并不按比例画出它们的形状,通常采用图例表示,导线与设备的垂直距离和空间位置一般也不另用立面图表示,而是标注安装标高,以及附加必要的施工说明。

6. 控制原理图

控制原理图又称二次接线图,是根据控制电器的工作原理,按规定的符号、画线的电路展开图,一般不表示元件的空间位置。控制原理图具有线路简单、层次分明、易于掌握、便于识读和分析研究的特点,是二次接线的依据。设计人员往往根据工程需要绘制控制原理图,并不是每套施工图纸都有。

7. 安装接线图

安装接线图是表现设备或系统内部各种电气组件之间连线的图纸,用来指导接线与查线,它与原理图相对应。

8. 安装大样图(详图)

1) 构件大样图

在做法上有特殊要求,没有批量生产标准的构件,图纸中绘有专门构件大样图,并注有详细尺寸,以便按图制作。

2) 标准图

标准图是一种具有通用性质的详图,表示一组设备或部件的具体图形和详细尺寸,它不能作为独立进行施工的图纸,而只能视为某项施工图的一个组成部分。标准图只需标注型号即可,在实际工作中按型号查阅资料(图册)。

6.6.2 建筑电气系统施工图的一般规定

1. 一般规定

连接导线在电气图中使用非常多,在施工图中为使表达的意义明确并且整齐美观,连接线应尽可能水平和垂直布置,并尽可能减少交叉。

微课:电气施工图识读

导线可以采用多线和单线的表示方法。每根导线可以单独绘制表示,图中导线的根数也可用短斜线加数字的方法来表示,一般三根及以上导线根数需要进行标注。

建筑电气施工图中大部分是以单线图绘制电气线路的,同一回路的导线仅用一根图线来表示。单线图是电气施工图纸识读的一个难点,识读时要判断导线根数、性质和接线等问题。

2. 常用图例

建筑电气系统施工图纸中包含大量的图例,在掌握一定的建筑电气工程设备知识和施工知识基础上,认识图例是识读施工图的前提。图形符号具有一定的象形意义,比较容易和设备相联系进行认读,右侧二维码为建筑电气施工图常用图例符号。

建筑电气常用图例

3. 常用标注

1) 线路的文字标注

线路的文字标注表示线路的性质、规格、数量、功率、敷设方法、敷设部位等,如表 6-6 所示。其基本格式为

$$a\text{-}b(c \times d)\text{-}e\text{-}f$$

式中:a 为回路编号;b 为导线或电缆型号;c 为导线根数或电缆的线芯数;d 为每根导线标称截面面积(mm^2);e 为线路敷设方式,见表 6-6;f 为线路敷设部位,见表 6-6。

例如:WL1-BV(3×2.5)-SC15-WC

WL1 为照明支线第 1 回路,铜芯聚氯乙烯绝缘导线 3 根,截面面积为 2.5mm²,穿管径为 15mm 的焊接钢管敷设,在墙内暗敷设。

表 6-6　电气施工图文字标注符号

表达线路敷设方式的符号	表达线路敷设部位的符号	表达照明灯具安装方式的符号
SC—穿焊接钢管敷设	AB—沿或跨梁(屋架)敷设	SW—线吊式
MT—穿普通碳素钢电线套管敷设	AC—沿或跨柱敷设	CS—链吊式
CP—穿可挠金属电线保护套管敷设	CE—沿吊顶或顶板面敷设	DS—管吊式
PC—穿硬塑料导管敷设	SCE—吊顶内敷设	W—壁装式
FPC—穿阻燃半硬塑料导管敷设	WS—沿墙面敷设	C—吸顶式
KPC—穿塑料波纹电线管敷设	RS—沿屋面敷设	R—嵌入式
CT—电缆托盘敷设	CC—暗敷设在顶板内	CR—吊顶内安装
CL—电缆梯架敷设	BC—暗敷设在梁内	WR—墙壁内安装
MR—金属槽盒敷设	CLC—暗敷设在柱内	S—支架上安装
PR—塑料槽盒敷设	WC—暗敷设在墙内	CL—柱上安装
M—钢索敷设	FC—暗敷设在地板或地面下	HM—座装
DB—直埋敷设		
TC—电缆沟敷设		
CE—电缆排管敷设		

2)用电设备的文字标注

用电设备的文字标注表示用电设备的编号、容量等参数。其基本格式为

$$\frac{a}{b}$$

式中：a 为设备的工艺编号；b 为设备的容量(kW)。

3)配电设备的文字标注

配电设备的文字标注表示配电箱等配电设备的编号、型号、容量等参数。其基本格式为

$$a\text{-}b\text{-}c$$

式中：a 为设备编号；b 为设备型号；c 为设备容量(kW)。

4)灯具的文字标注

灯具的文字标注表示灯具的类型、型号、安装高度、安装方法等。其基本格式为

$$a\text{-}b\frac{c \times d \times L}{e}f$$

式中：a 为同一房间内同型号灯具个数；b 为灯具型号或代号；c 为灯具内光源的个数；d 为每个光源的额定功率(W)；L 为光源的种类；e 为安装高度(m)(当为"-"时表示吸顶安装)；f 为安装方式。

6.6.3 建筑电气系统施工图的识读方法

阅读建筑电气系统施工图,除了应该了解建筑电气系统施工图的特点外,还应该按照一定的阅读顺序进行阅读,这样才能比较迅速、全面地读懂图纸,以完全实现读图的意图和目标。

一套建筑电气工程图所包括的内容比较多,图纸往往有很多张,一般应按以下顺序依次阅读。

(1) 查看图纸目录。了解工程名称、项目内容、设计日期、工程全部图纸数量、图纸编号等。

(2) 阅读设计施工说明。了解工程总体概况及设计依据,了解图纸中未能表达清楚的各有关事项,如供电电源的来源、电压等级、线路敷设方式,设备安装高度及安装方式,施工时应注意的事项等。

(3) 阅读设备材料表与图例。了解该工程所使用的主要设备、材料的型号、规格和数量以及图纸中使用的图例。

(4) 查看电气系统图。各分项工程的图纸中都包含有系统图,如变配电工程的供电系统图、电力工程的电力系统图以及电气照明工程的照明系统图等。看系统图的目的是了解系统的基本组成,主要电气设备、元件等连接关系以及它们的规格、型号、参数等,掌握该系统的基本概况。

(5) 查看控制原理图和安装接线图。了解各系统中用电设备的电气自动控制原理,以指导设备的安装和控制系统的调试工作。

(6) 查看电气平面图。平面布置图是建筑电气工程图纸中的重要图纸之一,如变配电所设备安装平面图(还应有剖面图)、电力平面图、照明平面图、防雷与接地平面图等,它们都是用来表示设备安装位置、线路敷设部位、敷设方法以及所用导线型号、规格、数量等的,是安装施工、编制工程预算的主要依据图纸。

(7) 看安装大样图。安装大样图是按照机械制图方法绘制的用来详细表示设备安装方法的图纸,也是用来指导施工和编制工程材料计划的重要图纸。特别是对于初学安装的人员来说,大样图更显重要,甚至可以说是不可缺少的。

严格地说,阅读工程图纸的顺序并没有统一的硬性规定,可以根据实际情况灵活调整阅读顺序,并应有所侧重,同时应注意根据需要将图纸进行对照阅读。为更好地利用图纸指导施工,使之安装质量符合要求,阅读图纸时,还应配合阅读有关施工及检验规范、质量检验评定标准以及全国通用电气装置标准图集,以详细了解安装技术要求及具体安装方法。

【任务思考】

项目案例实施

请结合"项目知识引领"的相关内容,完成"项目案例导入"的工作任务分解,并记录在表 6-7 工作任务记录表中。

表 6-7 工作任务记录表

班 级		姓 名		日 期	
案例名称	××市××住宅项目建筑电气系统施工图的识读				
学习要求	1. 掌握建筑电气系统施工图的识读方法 2. 能结合工程项目图纸提取建筑电气系统施工图中的专业信息				
相关知识要点	1. 建筑电气系统施工图表达的内容 2. 建筑电气系统施工图的特点 3. 建筑电气系统施工图的识读顺序				
一、识读理论知识记录					
二、识读实践过程记录					
评价	自评(30%)	互评(40%)	师评(30%)	总成绩	
成绩					
评价人					

项目技能提升

一、选择题

1. （　　）是电光源中光效最高的品种。
   A. 低压钠灯　　B. 荧光灯　　C. 霓虹灯　　D. 金属卤化物灯

2. 灯具重量在（　　）kg 及以下时，采用软电线自身吊装。
   A. 1.5　　B. 1　　C. 0.5　　D. 2

3. 灯具安装高度按施工图样设计要求施工，若图样无要求时，室内一般在（　　）m 左右，室外在（　　）m 左右。
   A. 2.5；2.5　　B. 2.5；3　　C. 1.5；2.5　　D. 1.5；3

4. 相线、中性线及保护线可以依据其颜色加以区分，中性线采用（　　）色。
   A. 黄　　B. 绿　　C. 淡蓝　　D. 黄绿相间

5. 安全出口标志灯距地高度不低于（　　）m，且安装在疏散出口和楼梯口里侧的上方。
   A. 1.5　　B. 3　　C. 1　　D. 2

6. 支线的供电范围一般不超过（　　）m，支线的截面不宜过大，一般应在 1.0～40.0mm² 范围之内。
   A. 10～20　　B. 15～25　　C. 20～30　　D. 25～35

7. 暗装照明配电箱的底边距地面一般为（　　）m，悬挂式配电箱安装时箱底一般距地（　　）m。
   A. 1.5；2　　B. 2.5；3　　C. 1.5；2.5　　D. 1.2；1.5

8. 高层建筑的垂直输配电应选用（　　）母线槽，可防止烟囱效应。
   A. 紧密型　　B. 空气型　　C. 高强度　　D. 耐火型

9. （　　）是从引下线断接卡或换线处至接地体的连接导体，也是接地体与接地体之间的连接导体。
   A. 避雷器　　B. 引下线　　C. 接地线　　D. 避雷针

10. 住宅用户一律使用同一牌号的安全型插座，同一处所的安装高度一致，距地面高度一般应不小于（　　）m。
    A. 1.5　　B. 2　　C. 1.3　　D. 1

11. 在负荷较小或地区供电条件困难时，二级负荷可由一回（　　）kV 及以上专用的架空线路供电。
    A. 10　　B. 6　　C. 0.4　　D. 35

12. 关于母线槽的选用，错误的是（　　）。
    A. 高层建筑的垂直输配电应选用紧密型母线槽
    B. 大容重母线槽可选用散热好的紧密型母线槽
    C. 消防喷淋区域应选用防护等级为 IP40 的母线槽
    D. 线槽不能直接与有显著冲击振动的设备连接

13. （　　）质量轻，刚柔适中，常用作电气软管暗敷。
    A. 软型塑料管　　B. 硬型塑料管　　C. 半硬型塑料管　　D. 塑料波纹管
14. 槽钢一般用来制作固定底座、支撑、导轨等。其规格如"槽钢120×53×5"，其中120表示槽钢的（　　）。
    A. 翼宽　　　　B. 腹板高　　　　C. 腹板厚　　　　D. 翼长
15. 必须与镇流器配合才能稳定工作的光源是（　　）。
    A. 白炽灯　　　B. 卤钨灯　　　　C. 高压汞灯　　　D. 荧光灯

二、填空题

1. 室内照明供电线路的组成包括_____、_____、干线、_____。
2. 灯具质量大于_____时，应固定在螺栓或预埋吊钩上，并不得使用木楔。
3. 从总配电箱引至分配电箱的一段线路称为_____，其基本接线方式有_____、_____、_____。
4. 电力线路是输送电能的通道，根据电压等级的不同，分为_____和_____两类。
5. 车间及实验室的插座安装高度距地面不小于_____ m；特殊场所安装的高度应不小于_____ m。
6. 裸绞线主要用于_____，具有良好的导电性能和足够的机械强度。
7. 电力网是由_____、_____和_____共同组成。
8. 照明配电线路敷设有_____和_____两种。
9. 明配线穿墙时应采用经过阻燃处理的保护管保护，穿过楼板时应采用_____保护。
10. 电气线路经过建筑物、构筑物的沉降缝或伸缩缝时，应装设两端固定的_____，导线应留有余量。
11. 电缆敷设后，上面要铺100mm厚的软土或细砂，再盖上混凝土保护板，覆盖宽度应超过电缆两侧以外各_____ mm，或用砖代替混凝土保护板。
12. 为了保障飞机起飞和降落安全以及船舶航行安全而在建筑物上装设的用于障碍标志的照明为_____。
13. 室外线路是指建筑物外侧的供配电线路，包括_____和_____。
14. 接地体是埋入土壤中或混凝土基础上作散流用的金属导体，可分为_____和_____。
15. 常用的电光源按照其工作原理分为_____、_____和LED光源三大类。
16. 母线槽不能直接和有显著摇动和冲击振动的设备连接，应采用_____加以连接。
17. 电缆在沟内需要穿越墙体或顶板时，应穿_____。
18. 螺口灯头接线必须将_____接在中心端子上，_____接在螺纹的端子上。
19. 引下线是连接_____与_____的金属导体。
20. 当灯具质量大于_____时，需固定在螺栓或预埋吊钩上。

三、简答题

1. 常见的照明配电线路敷设方式有哪些？

2. 在电气图纸识读过程中，查看系统图的目的是什么？

3. 室内线路敷设的一般要求是什么？

4. 接地的分类有哪些？

5. 防雷装置的作用是什么？由哪些部分组成？

项目评价总结

请结合本项目的学习过程以及技能提升训练情况,完成项目学习评价,并自主从项目的知识重难点、技能核心点、自我感受等方面对本项目进行梳理总结,并记录在表 6-8 项目评价总结表中。

表 6-8　项目评价总结表

序号	评价任务	评价标准	满分	自评	互评	师评	综合评价
1	建筑电气系统基础知识	(1) 能够正确描述电力系统的组成以及发输电过程、区分一级负荷、二级负荷和三级负荷	2				
		(2) 能够正确理解三相交流电	4				
		(3) 掌握电气设备安装工程的组成	1				
2	常用电气材料	(1) 能够正确区分常用的导线、电力电缆的型号及名称,正确认识常用母线槽的分类	3				
		(2) 能够正确描述常用安装材料的分类	3				
3	建筑供配电系统	(1) 能够正确区分不同场所适用的建筑供电方式、建筑配电方式	4				
		(2) 掌握变(配)电所的组成、分类、选址原则和主要设备	4				
		(3) 掌握室外线路的分类与施工工艺	5				
4	建筑电气照明系统	(1) 掌握照明方式和种类	3				
		(2) 能够正确区分照明电光源和灯具的分类	3				
		(3) 掌握建筑电气照明配电系统的组成	5				
		(4) 掌握室内照明配电线路的施工工艺	5				
		(5) 掌握照明用电器具的施工工艺	5				
		(6) 掌握配电箱的施工工艺	5				

续表

序号	评价任务	评价标准	满分	评价			综合评价
				自评	互评	师评	
5	建筑防雷接地系统	(1) 掌握建筑防雷接地装置的组成	5				
		(2) 掌握建筑防雷接地装置的施工工艺	5				
6	建筑电气系统施工图的识读	(1) 掌握建筑电气系统施工图的组成与内容	6				
		(2) 掌握建筑电气系统施工图中的一般规定、常用图例、常用标注	6				
		(3) 能够正确使用建筑电气系统施工图的识读方法	6				
7	动态过程评价	(1) 严格遵守课堂学习纪律	5				
		(2) 正确按照学习顺序记录学习要点，按时提交工作学习成果	5				
		(3) 积极参与学习活动，例如课堂讨论、课堂分享展示、课后自主探究	10				
自我梳理总结							

项目 7　智能建筑弱电系统

项目学习导图

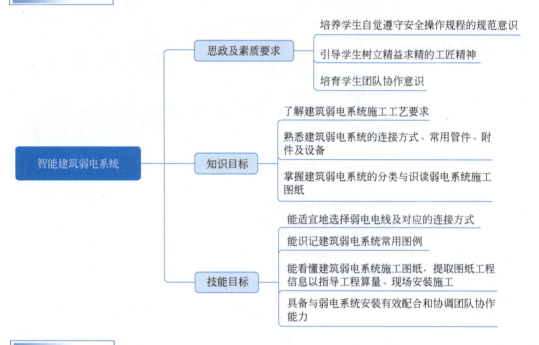

项目知识链接

(1)《智能建筑设计标准》(GB 50314—2015)
(2)《安全防范工程技术标准》(GB 50348—2018)
(3)《综合布线系统工程设计规范》(GB 50311—2016)
(4) 图集《室内管线安装》(2004 年合订本)(D301-1~3)

项目案例导入

××市××住宅项目弱电系统施工图的识读

➤ 工作任务分解

××市××住宅项目
弱电系统施工图

左侧二维码是××市××住宅项目弱电系统施工图,图纸上的线条、符号、数据和文字的含义是什么?弱电系统是如何安装的?安装过程中有哪些注意事项?以上相关问题在本项目内容的学习中将逐一获得解答。

> **实践操作指引**

为完成前面分解出的工作任务,我们需从解读建筑弱电系统的分类开始,然后到系统的组成部分,施工工艺与下料,进而学会用工程专业术语来表示施工做法。掌握施工图的识读方法,最关键的是需结合工程项目图纸熟读施工图,掌握施工做法与施工过程,为建筑弱电系统施工图的计量与计价打下扎实的基础。

项目知识引领

任务 7.1 智能建筑弱电系统概述

7.1.1 智能建筑的概念

现行国家标准《智能建筑设计标准》(GB 50314—2015)对智能建筑(intelligent building)给出如下定义:以建筑物为平台,兼备信息设施系统、信息化应用系统、建筑设备管理系统、公共安全系统等,集结构、系统、服务、管理及其优化组合为一体,向人们提供安全、高效、便捷、节能、环保、健康的建筑环境。

7.1.2 智能建筑弱电系统的组成

弱电是相对建筑物的电力、照明等强电系统而言的。强电系统可以把电能引入建筑物,经过用电设备转换成机械能、热能和光能等;而弱电系统主要是完成建筑物内部和内部与外部间的信息传递与交换。换而言之,强电的处理对象是能源(电力),其特点是电压高、电流大、功耗大、频率低,主要考虑的问题是减少损耗、提高效率。弱电的处理对象主要是信息,即信息的传送和控制,其特点是电压低、电流小、功率小、频率高,主要研究的问题是信息传送的效果问题,诸如信息传送的保真度、速度、广度和可靠性等。

随着电子技术、计算机技术、激光技术、现代控制技术、光纤通信和各种遥感技术的发展,以及信息化时代的到来,建筑的电气化标准与功能需求不断提高,越来越多的弱电系统进入建筑领域,扩展了弱电的范围。建筑弱电工程的安装施工也将朝着复杂化、高技术方向发展。

建筑弱电系统是多种技术的集成,是多门学科的综合。常见的弱电系统包括:闭路电视监控系统、防盗报警系统、门禁系统、电子巡更系统、停车场管理系统、可视对讲系统、家庭智能化及安防系统、背景音乐系统、LED显示系统、等离子拼接屏系统、DLP大屏系统、三表抄送系统、楼宇自控系统、寻呼对讲及专业对讲系统、弱电管道系统、UPS不间断电源系统、综合布线系统、计算机局域网系统、物业管理系统、多功能会议室系统、有线电视系统、卫星电视系统、卫星通信系统、电话通信系统等。

任务 7.2　火灾自动报警系统与消防联动控制系统

7.2.1　火灾自动报警系统与消防联动控制系统的组成

火灾自动报警系统主要由火灾探测器、火灾报警控制器和报警装置等组成。火灾探测器将现场火灾信息(烟、温度、光、可燃气体等)转换成电气信号传送至火灾报警控制器,火灾报警控制器将接收到的火灾信号经过处理、运算和判断后认定为火灾的,输出指令信号,一方面启动火灾报警装置,如声、光报警器等;另一方面启动消防联动装置和连锁减灾系统,如关闭建筑物空调系统、启动排烟系统、启动消防水泵、启动疏散指示系统和火灾事故广播等。

报警控制器是火灾报警系统的心脏,是分析、判断、记录和显示火灾的设备。为了防止探测器失灵或火警线路发生故障,现场人员发现火灾后也可以通过安装在现场的手动报警按钮和火灾报警电话直接向控制器发出报警信号。

7.2.2　火灾自动报警系统的常用设备

火灾自动报警系统按照系统功能划分,包括火灾探测报警系统和消防联动控制系统两大部分。

火灾探测报警系统主要由触发器件、火灾报警控制器、火灾警报器及具有其他功能的辅助装置组成。

1. 触发器件

触发器件是指在火灾自动报警系统中,自动或手动产生报警控制信号的器件。主要包括火灾探测器和手动火灾报警按钮。

1)火灾探测器

火灾探测器是指响应火灾参数(如烟、温、光、火焰辐射、气体浓度等)并自动产生火灾报警信号的器件。按响应火灾参数的不同,火灾探测器主要有感烟火灾探测器、感温火灾探测器、感光火灾探测器、气体火灾探测器和感温感烟复合火灾探测器等。火灾探测器属于自动(主动)触发装置。不同类型的火灾探测器适用于不同类型的火灾和不同的场所,其产品外观如图 7-1 所示。

(a) 感烟火灾探测器

(b) 感温火灾探测器

(c) 感光火灾探测器

(d) 气体火灾探测器

(e) 感温感烟复合火灾探测器

图 7-1　火灾探测器

2) 手动火灾报警按钮

手动火灾报警按钮是用手动方式产生火灾报警信号,启动火灾报警系统的器件,是火灾自动报警系统中不可缺少的组成部分,如图 7-2 所示。它属于手动(被动)触发装置,一般安装在公共活动场所的出入口处。每个防火分区应至少设置一只手动火灾报警按钮。从一个防火分区内的任何位置到最邻近的手动火灾报警按钮的步行距离不应大于 30m。

图 7-2　手动火灾报警按钮

2. 火灾报警控制器

在火灾自动报警系统中,用以接收、显示和传递火灾报警信号,并能发出控制信号和具有其他辅助功能的控制指示设备称为火灾报警控制器。火灾报警控制器就是其中最基本的一种,如图 7-3 所示。它具备为火灾探测器供电、传递和处理系统的故障及火警信号,并能发出声光报警信号,同时显示及记录火灾发生的部位和时间,并能向消防联动设备发出控制信号的完整功能。按照其结构要求,火灾报警控制器分为壁挂式、台式和柜式。火灾报警控制器一般设置在消防控制室或值班室。

 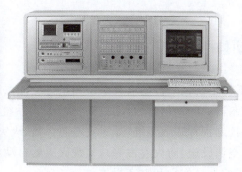 

(a) 壁挂式火灾报警控制器　　(b) 台式火灾报警控制器　　(c) 柜式火灾报警控制器

图 7-3　火灾报警控制器

3. 火灾警报器

在火灾自动报警系统中,用以发出区别于环境声、光的火灾警报信号的装置称为火灾警报器。它以声、光的方式向报警区域发出火灾警报信号,以警示人们采取安全疏散、灭火救灾等措施。常见火灾警报器的如声光讯响器、警铃以及火灾显示盘等,如图 7-4 所示。火灾警报器一般安装在各楼层走道靠近楼梯出口处。

图 7-4　火灾警报器

4．辅助装置

在火灾自动报警系统中，火灾报警控制器和现场联动设备之间需要各种现场模块，用以完成检测信号和控制信号的转换与传递。根据现场模块的功能，现场模块分为输入模块、单（双）输入/输出模块、切换模块和中继模块等。除现场模块外，还应包括火灾显示盘、消火栓按钮、直流不间断电源、电子编码器等辅助装置，如图 7-5 所示。

 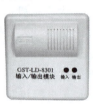 

(a) 隔离器　　　　(b) 输入/输出模块　　　　(c) 火灾显示盘　　　　(d) 消火栓按钮

图 7-5　辅助装置

7.2.3　消防联动控制系统

消防联动控制系统主要包括自动灭火系统和指挥疏散系统。其功能是：当发生火灾时，接收火灾报警控制器的联动信号，自动控制消防灭火系统执行灭火任务，同时联动其他设备的输出触点，控制指挥疏散系统（如火灾应急广播、火灾应急照明及疏散指示、消防专用电话、防排烟及空调设施、防火卷帘等），实现灭火的自动化，保证人员安全疏散，尽可能地减少火灾所造成的人员伤亡和财产损失。

1．消火栓灭火系统

消火栓灭火系统是应用最普遍的一种水灭火系统，系统主要由水泵、供水管网和消火栓等组成。消防泵是水灭火系统的心脏，在火灾持续时间内必须保证其正常运行。因此，消火栓系统中消防水泵的启动是灭火能否顺利进行的关键因素之一。消火栓系统启泵流程图如图 7-6 所示。

为保证可靠启动，消火栓水泵有 4 种控制方式，如表 7-1 所示。

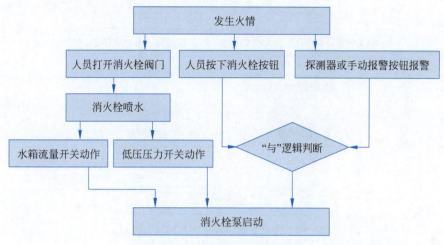

图 7-6 消火栓系统启泵流程图

表 7-1 消防水泵的控制方式

序号	控制方式	控制设备安装部位及特点
1	启停按钮控制	该方式是就地控制,启动和停止按钮装于消防泵房控制箱内,主要用于日常的检修和保养
2	连锁控制	该方式是远程控制,由系统出水干管上的低压压力开关或高位水箱出水管上流量开关连锁触发消防泵启动,是由消防系统自身设备实现的,不受火灾自动报警系统的影响
3	联动控制	该方式是远程控制,当消火栓按钮与消火栓按钮所在区域任一探测器或手动报警按钮的"与"逻辑关系成立时,即按下消火栓按钮的同时任一探测器也发出探测报警信号,消防联动控制器就会发出联动控制命令,消防水泵自动启动
4	手动多线直接控制	该方式是远程控制,将消火栓泵控制箱的启动、停止按钮用专用线路直接连接至设置在消防控制室内的消防联动控制器的手动控制盘,实现在消防控制室直接手动控制消火栓泵的启动、停止

2. 自动喷水灭火系统

自动喷水灭火系统分湿式系统、干式系统、预作用系统、雨淋系统及水幕系统等。其中,湿式自动喷水系统是实际工程应用中最普遍的一种。湿式自动喷水灭火系统由湿式报警装置、闭式喷头和管道等组成。其联动控制系统需要控制喷淋泵的启动和停止、监视水流指示器及压力开关的动作信号、监视检修蝶阀的开启或关闭状态。水流指示器、压力开关和蝶阀等的动作信号通过编码单输入模块与联动控制器相连,实现信号的远程监视。湿式自动喷水灭火系统启泵流程如图 7-7 所示。

3. 消防专用电话系统

消防专用电话系统是一种消防专用的通信系统,通过这个系统迅速实现对火灾的人工确认,并及时掌握火灾现场情况及进行其他必要的联络,便于指挥灭火及恢复工作。消防电话系统分为总线制和多线制两种实现方式,如图 7-8 和图 7-9 所示。

188 ▎安装工程识图与施工工艺

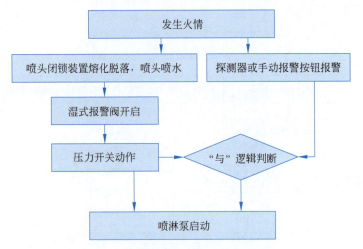

图 7-7 湿式自动喷水灭火系统启泵流程

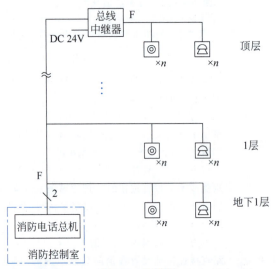

图 7-8 总线制

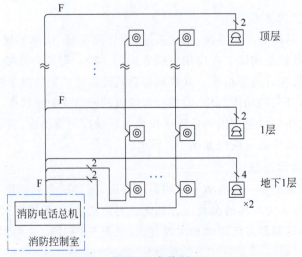

图 7-9 多线制

消防水泵房、发电机房、配变电室、计算机网络机房、主要通风和空调机房、防排烟机房、灭火控制系统操作装置处或控制室、企业消防站、消防值班室、总调度室、消防电梯机房及其他与消防联动控制有关的且经常有人值班的机房设置消防专用电话分机。

消防控制室应设置消防专用电话总机。在各楼层走廊、楼梯口等位置安装消防电话插孔。当火灾报警控制器出现火警信号后,值班员手持电话分机,赶赴现场人工确认火情,将电话分机插入附近的消防电话插孔内,即可向监控室值班员反馈信息。当电梯机房、水泵房等重要位置出现火情时,监控室值班员也可远程启动现场的固定式消防电话,直接向现场值班员询问;现场值班员也可先摘下固定式消防电话,直接向监控室反映情况。

4. 消防应急广播系统

消防应急广播系统作为建筑物的消防指挥系统,在整个消防控制管理系统中起着极其重要的作用。火灾发生时,通过火灾报警控制器关闭着火层及相邻层的正常广播,接通火灾应急广播,用来指挥现场人员进行有秩序的疏散和有效的灭火。集中报警系统和控制中心报警系统必须设置火灾应急广播。

消防广播系统由消防广播主机、现场广播音箱及广播切换模块或多线制广播分配盘等组成。消防广播主机一般由卡座、CD机、播音话筒、功率放大器等组成。消防应急广播系统联动控制示意图如图7-10所示。

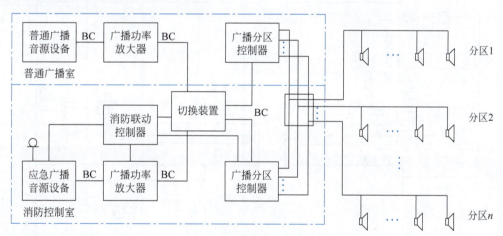

图7-10 消防应急广播系统联动控制示意图

5. 防排烟系统

防排烟系统主要包括正压送风防烟和排烟系统两大类。其中,正压送风防烟系统的功能是将室外的新鲜空气补充到疏散通道,排烟系统的功能是将火灾发生时产生的有毒烟气排到室外,火灾发生时通过启动防排烟系统可以防止烟雾扩散及有毒烟气带给人员的伤害。

防排烟系统主要由风机、风道和风阀等设备组成。对于高层建筑,在各楼层的电梯前室内通常安装正压送风阀,在各楼层的走廊处安装排烟阀,在屋顶安装正压送风机、排烟机。火灾发生时,消防联动控制器按照编写的联动程序,自动打开着火区域的正压送风阀(排烟阀),启动正压送风机(排烟机),向电梯前室送正压新风(排出走廊烟雾),以防止躲避在临时安全区(如电梯前室)的人员因呛烟而窒息。防排烟系统联动控制示意图如图7-11所示。

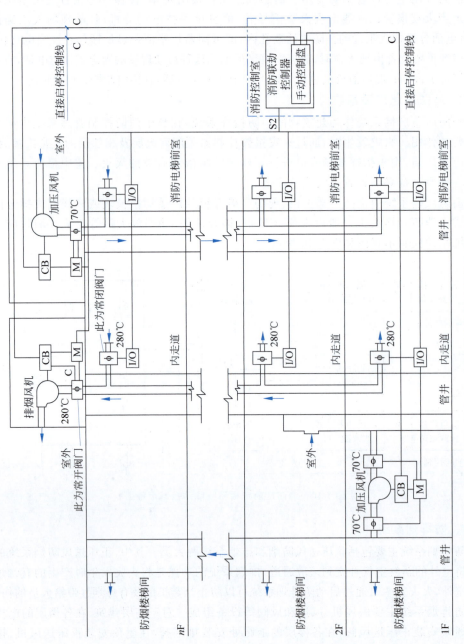

图 7-11 防排烟系统联动控制示意图

6. 防火卷帘系统

根据安装位置和功能的不同,防火卷帘门可分为防火分隔型和疏散通道型两类。

1) 防火分隔型卷帘门

防火分隔型卷帘门一般安装在建筑物的中庭或扶梯的两侧。其功能是火灾初期延缓火势的快速蔓延,完成防火分区之间的隔离。在火灾初期,当火灾探测器动作后,着火区域及相邻区域的防火分隔型卷帘门应全部下降到底。

2) 疏散通道型卷帘门

疏散通道型卷帘门一般安装在建筑物的安全通道(如楼梯口、扶梯口等),它不仅可控制火灾的蔓延,还可作为人员逃生通道。在疏散通道型卷帘门两侧分别安装一对感烟、感温探测器。当卷帘门附近的感烟探测器报警时,将卷帘门下降至距地(楼)面 1.8m,用于人员疏散逃离;当火势蔓延至卷帘门附近时,卷帘门附近的感温探测器报警,将卷帘门下降到底,完成防火分区之间的隔离。

在防火卷帘门两侧应分别安装手动开关,利用此开关可现场控制卷帘门的升降。发生火灾时,若有人困在卷帘门的内侧,可以按"上升"键,此时卷帘门可提起,用于人员撤离。

7. 其他联动控制系统

火灾发生时,消防控制中心向电梯机房发出火灾信号及强制电梯下降信号,所有电梯下行停于首层。火灾发生时还应切除着火区域的照明、动力等非消防电源,控制疏散指示自动切换。

7.2.4 消防联动控制系统的线路敷设与接地调试

1. 消防联动控制系统的线路敷设

消防联动控制系统布线前,应核对设计文件的要求对材料进行检查,导线的种类、电压等级应符合设计文件要求,并按照下列要求进行布线。

(1) 消防报警系统应单独布线,系统内不同电压等级、不同电流类别的线路不应布在同一管内或线槽的同一槽孔内。在管内或线槽内的布线,应在建筑抹灰及地面工程结束后进行,管内或线槽内不应有积水及杂物。

(2) 导线在管内或线槽内不应有接头或扭结。导线的接头应在接线盒内焊接或用端子连接。从接线盒、线槽等处引到探测器底座、控制设备、扬声器的线路,当采用金属软管保护时,其长度不应大于 2m。敷设在多尘或潮湿场所管路的管口和管子连接处,均应做密封处理。

(3) 当管路超过下列长度时,应在便于接线处装设接线盒:①管子长度每超过 30m,无弯曲时;②管子长度每超过 20m,有 1 个弯曲时;③管子长度每超过 10m,有 2 个弯曲时;④管子长度每超过 8m,有 3 个弯曲时。

(4) 金属管子入盒,盒外侧应套锁母,内侧应装加口;在吊顶内敷设时,盒的内外侧均应套锁母。塑料管入盒应采取相应固定措施。明敷设各类管路和线槽时,应采用单独的卡具吊装或支撑物固定。吊装线槽或管路的吊杆直径不应小于 6mm。

(5) 线槽敷设时,应在下列部位设置吊点或支点:①线槽始端、终端及接头处;②距接线盒 0.2m 处；③线槽转角或分支处；④直线段不大于 3m 处。

（6）线槽接口应平直、严密，槽盖应齐全、平整、无翘角。并列安装时，槽盖应便于开启。管线经过建筑物的变形缝（包括沉降缝、伸缩缝、抗震缝等）处，应采取补偿措施，导线跨越变形缝的两侧应固定，并留有适当余量。

（7）消防报警系统导线敷设后，应用 500V 兆欧表测量每个回路导线对地的绝缘电阻，且绝缘电阻值不应小于 20MΩ。同一工程中的导线，应根据不同用途选择不同颜色加以区分，相同用途的导线颜色应一致。电源线正极应为红色，负极应为蓝色或黑色。

2. 消防系统的接地调试

消防系统的接地要求是交流供电和 36V 以上直流供电的消防用电设备的金属外壳应有接地保护，其接地线应与电气保护接地干线相连接。接地装置施工完毕，应按规定测量接地电阻，并做好记录，接地电阻值应符合设计文件要求。消防报警系统的调试应在建筑内部装修和系统施工结束后，由有资格的专业技术人员担任。

对消防自动报警系统的调试包括火灾报警自动检测功能、消音复位功能、故障报警功能、火灾优先功能、报警记忆功能、电源自动转换和备用电源的自动充电功能、备用电源的欠压和过压报警功能等项目的调试。检查自动报警系统的主电源和备用电源的容量是否符合现行有关国家标准的要求。在备用电源连续充放电几次后，主电源和备用电源能否自动转换，应分别用主电源和备用电源供电，检查自动报警系统的各项控制功能和联动功能，在连续运行 120h 无故障后，按有关规范要求填写调试报告。

任务 7.3 安全防范系统

7.3.1 安全防范系统的组成

安全防范是指在建筑物或建筑群内（包括周边地域），或特定的场所、区域，通过采用人力防范、技术防范和物理防范等方式综合实现对人员、设备、建筑和区域的安全防范作用。通常所说的安全防范主要是指技术防范，即通过采用安全技术防范产品和防护设施实现的安全防范。

安全防范系统的结构模式经历了一个由简单到复杂、由分散到组合再到集成的发展变化过程。它从早期单一分散的电子防盗报警系统，到后来的报警联网系统、报警监控系统，再发展为防盗报警—视频监控—出入口控制综合防范系统。近年来，在智能建筑和社区安全防范中，又形成了融防盗报警、视频监控、出入口控制、访客查询、保安巡更、停车库（场）管理、系统综合监控与管理于一体的集成式安全技术防范系统。

1. 周界防范系统

周界防范系统具有对设防区域的非法入侵、盗窃、破坏和抢劫等进行实时有效的探测、报警及报警复核的功能。

2. 闭路电视监控系统

闭路电视监控系统具有对必须进行监控的场所、部位、通道等进行实时有效的视频探测、监视、传输、显示和记录及报警和复核的功能。

3. 出入口控制系统

出入口控制系统具有对需要控制的各类出入口,按各种不同的通行对象及其准入级别,实施实时出入控制与管理及报警的功能。此外,它还和火灾自动报警系统联动。

4. 电子巡更系统

电子巡更系统可按预编制的安全防范人员巡更软件程序,通过读卡器、信息采集器或其他方式对安全防范人员巡逻的工作状态(是否准时、是否遵守顺序等)进行监督、记录,并能在意外情况发生时及时报警。

5. 停车场管理系统

停车场管理系统能对车库(场)的车辆通行道口实施出入控制、监视、行车信号指示、停车计费及汽车防盗报警等综合管理。

6. 楼宇对讲系统

楼宇对讲系统应用于单元式公寓、高层住宅楼和居住小区等,具有对访客的进入进行控制、监视、辨识、实施报警等管理功能。

7. 其他子系统

根据各类建筑物不同的安全防范管理要求和建筑物内特殊部位的防护要求,可以设置其他安全防范子系统,如专用的高安全实体防护系统、防爆安全检查系统、安全信息广播系统、重要仓储库安全防范系统等。

7.3.2 安全防范系统的常用设备

1. 周界防范系统

周界防范系统一般由探测器、报警控制器、模拟显示屏、声光报警器等组成。探测器为其核心设备。

1)主动红外探测器

主动红外探测器是目前应用最多的探测器,具有寿命长、价格低、调整易等优点。它是通过发射机与接收机之间的红外光束进行警戒,当有人横越监视区域时,将遮断不可见的红外线光束而引发报警。但是主动红外探测器的误报率较高,因为它易受到室外自然变化的影响。

2)微波墙式探测器

微波墙式探测器是通过微波磁场建立警戒线,一旦有人闯入这个微波建立起来的警戒区,微波场受到干扰便会发出报警信号。微波墙式探测器具有大面积、长距离覆盖的特点,比较适合大范围场所室外周界的防范。它穿透能力强,风、雨、雪、雾等自然现象对它影响较小,不过电磁辐射对人体有一定的伤害。

3)泄漏电缆式探测器

泄漏电缆与普通的电缆不同,它是一种具有特殊结构的同轴电缆。泄漏电缆式探测器由两根平行埋设在周界地下的泄漏电缆和发射机、接收机组成,收发电缆之间的空间形成一个椭圆形的电磁场探测区,当有人非法进入探测区时,探测区内的磁场分布被破坏,从而引发报警信号。它具有布防隐蔽、相对可靠性较高的特点。

4) 驻极体振动电缆探测器

驻极体振动电缆传感器是一种经过特殊处理后带有永久电荷的介电材料,它与相连的电缆组成探测器。驻极体振动电缆探测器安装在周界的栅栏上,当入侵者翻越栅栏时,电缆受到振动而产生张力,使得驻极体产生极化电压,当极化电压超过阈值电压后即可触发报警。它适用于在复杂地形、易燃易爆物品仓库、油库等不宜接入电源的场所安装。不过,当受到较强的振动和噪声干扰时,它会引起一些误报。

5) 围栏防护探测器

围栏防护探测器主要分为张力围栏周界防越探测器和电子脉冲式围栏入侵探测器两种。

张力围栏周界防越探测器由普通的金属线和张力探测器组成。张力探测器把任何企图攀爬、切割电缆的人力、机械力转换成电子信号传送到控制中心,以达到报警的目的。张力围栏周界防越探测器的误报率低,天气对其影响不大。

电子脉冲式围栏入侵探测器由带电脉冲的电子缆线组成,电子缆线产生的非致命脉冲高压能有效击退入侵者,如果入侵行为造成围栏线被破坏、变形短路、切断供电电源等,系统主机会发出报警信号,并可把报警信号传给其他联动安防设备。

2. 闭路电视监控系统

闭路电视监控系统根据其使用环境、使用部门和系统的功能不同而具有不同的组成方式。无论系统规模大小和功能多少,一般监控电视系统由摄像、传输、控制、显示与图像处理4个部分组成。

1) 摄像部分

摄像部分的作用是把系统所监视目标的光、声信号变为电信号,然后送入系统的传输分配部分进行传送,其核心是电视摄像机,它是整个系统的眼睛。

2) 传输部分

传输部分的作用是将摄像机输出的音频、视频信号输送到中心机房或其他监视点,控制中心的控制信号也可以通过传输部分送到现场,控制云台和摄像机工作。传输方式分为有线传输和无线传输两种。

3) 控制部分

控制部分的作用是在中心机房通过有关设备对系统的现场设备(摄像机、云台、灯光、防护罩等)进行远距离遥控。

4) 显示与图像处理部分

显示部分是把从现场传来的电信号转换成图像在监视设备上显示,图像处理是对系统传输的图像信号进行切换、记录、重放、加工和复制等。

闭路电视监控系统的主要设备是摄像机、云台、防护罩和支架、监视器、录像机、传输电缆等。

1) 摄像机

在系统中,摄像机处于系统的最前沿,它将物体的光图像转变成电信号,即视频信号,为系统提供信号源,因此它是系统中最重要的设备之一。

摄像机的种类很多,按图像颜色,可分为彩色摄像机和黑白摄像机;按使用环境,可分为室内摄像机和室外摄像机;按性能,可分为普通摄像机(工作于室内正常照明或室外白天的环境里)、暗光摄像机(工作于室内无正常照明的环境里)、微光摄像机(工作于室外月光或星光下)和红外摄像机(工作于室内外无照明的场所);按功能,可分为视频报警摄像机(在监视范围内如有目标在移动,就能向控制器发出报警信号)、广角摄像机(用于监视大范围的场所)和针孔摄像机(用于隐蔽监视局部范围)。

摄像机的性能指标主要有清晰度、灵敏度(衡量摄像机在什么光照强度下可以输出正常图像信号的一个指标)和信噪比(指摄像机的图像信号与它的噪声信号之比)等。

2) 云台

云台与摄像机配合使用能达到上、下、左、右转动的目的,在扩大摄像机的监视范围的同时,能在一定范围内跟踪目标进行摄像,提高了摄像机的实用性能。云台分为手动云台和电动云台两种。

3) 防护罩和支架

防护罩是用来保护摄像机和镜头不受诸如有害气体、灰尘及人为有意破坏等环境条件的影响。支架是摄像机安装时的支撑,并将摄像机连接于安装部位的辅助器件上。

4) 监视器

监视器是电视监控系统的终端显示设备,有黑白与彩色监视器、CRT 与 LCD 监视器等很多种类。

5) 录像机

现在采用较多的是硬盘录像机,即数字视频录像机,具有对图像/语音进行长时间录像、录音、远程监视和控制的功能,其主要功能包括监视功能、录像功能、回放功能、报警功能、控制功能、网络功能、密码授权功能和工作时间表功能等。

6) 传输电缆

常用的传输电缆有同轴电缆、双绞线、光纤等。同轴电缆用于传输短距离的视频信号,当需要长距离传输视频及控制信号时,宜采用射频、微波或者光纤传输的方式。

7.3.3 安全防范系统的线路敷设

1. 线路敷设

安全防范系统的布线采用金属管吊顶内走线或预制墙内预埋管道敷设的方式,和强电分开敷设。金属管子的两端口有塑料衬套,防止导线绝缘层被割破而使安全防范系统发生故障。敷设在多尘或潮湿场所管道的管口和管子连接处,均作密封处理。导线敷设后,核对线序并加区分标记,对每一回路的导线用 500V 的兆欧表,测量它们的对地绝缘电阻值,应不小于 20MΩ。

2. 供电与接地

报警系统的电源装置包括永久连接的外部主电源和内部备用电源,备用电源的供给由机房 UPS 提供。安全防范系统设有良好的接地,以防干扰和雷击。采用联合接地,电阻值不大于 1Ω。专用接地干线所用铜芯绝缘导线或电缆，其线芯截面积应不小于 16mm²。

任务 7.4　智能建筑弱电系统施工图的识读

7.4.1　智能建筑弱电系统施工图的组成与内容

一份完整的智能化弱电施工图主要包括图纸目录、设计施工说明及图例、设备材料表、系统图、平面管路图、弱电井位置图、室外管线图、安装详图等内容。

1. 图纸目录

图纸目录需要标注图纸内容、图号、名称、图幅等内容。

2. 设计施工说明及图例

设计施工说明一般包含项目概况、设计依据、设计内容、各弱电系统的简介以及其他要说明的事项。其中，各子系统功能及配置概况、各子系统施工要求、设备材料安装高度、与各专业配合条件、施工需要注意的主要事项、接地保护内容，图纸中特殊的图形、图例说明、对非标准设备的订货说明均会体现在设计施工说明中。仔细阅读设计说明可以基本掌握项目概况，与此同时，可以理解设计师的设计意图。

图例是表示图纸中设备或导线的简易说明符号，当图纸中部分设备比较繁杂、量大，则可以采用简单的符号表示这部分设备。

3. 设备材料表

设备材料表分系统罗列各系统的设备材料的选型规格、数量等参数。

4. 系统图

系统图描述各弱电子系统原理、系统主要设备配置和构成、系统设备供电方式、系统设备分布楼层或区域、设备间管路和线缆的规格、系统逻辑及连锁关系说明。

5. 平面管路图

平面管路图是施工人员重要的施工依据，实施人员通过平面管路图可以知道设备安装位置、走线安装方式以及套管安装方式。平面管路图需要描述弱电相关设备的位置、标高、安装方式，线槽和管路的规格、走向、标高和敷设方式，线缆的规格、走向等。

6. 弱电井位置图

弱电井位置图标明弱电井内的设备、线槽、管路的布置，控制室内的操作台、显示屏的布置。明确弱电井内的电源要求、控制室内的装修要求和电源要求。由于弱电井内还有消防系统的设备，井内布置时需业主、监理、消防等相关方协商确定。

7. 室外管线图

室外管线图标明室外弱电管线的敷设方式、埋设深度、线路坐标、架空线路高度、杆型、各种管线的规格型号，与其他管线平行和交叉的坐标、标高，与城市或园区管网的衔接位置。

8. 安装详图

安装大样图标明设备的安装位置和安装方式。

7.4.2 智能建筑弱电系统施工图的识读方法

智能建筑弱电系统施工图的识读方法与建筑电气系统的识读方法类似,可以按照以下步骤进行图纸识读。

(1) 阅读图纸目录。根据图纸目录了解该工程图纸的概况,包括图名、图幅大小、图纸张数、编号等信息。

(2) 阅读设计施工说明。根据施工说明了解该工程概况,包括该工程包含的弱电系统及系统的形式、划分和主要设备布置等信息。在这基础上,确定哪些图纸代表该工程的特点、属于工程中的重要部分,图纸的阅读就从这些重要图纸开始。

(3) 阅读图纸。根据图纸目录,找到各弱电系统的系统图,先认真阅读系统图,大致了解系统的整体布局,再根据系统图一层一层地阅读相应的平面图。阅读过程中,发现不理解的地方,可以对照设计说明及图例反复阅读与理解。

(4) 阅读详图。平面图上没有表达清楚的地方,要根据平面图上的提示和图纸目录找出详图进行阅读,包括立面图、侧立面图、剖面图等。

【任务思考】

项目案例实施

请结合"项目知识引领"的相关内容,完成"项目案例导入"的工作任务分解,并记录在表 7-2 工作任务记录表中。

表 7-2　工作任务记录表

班　级		姓　名		日　期	
案例名称	××市××住宅项目弱电系统施工图的识读				
学习要求	1. 掌握建筑弱电系统施工图的识读方法 2. 能结合工程项目图纸提取建筑弱电系统施工图中的专业信息				
相关知识要点	1. 建筑弱电系统施工图表达的内容 2. 建筑弱电系统施工图的特点 3. 建筑弱电系统施工图的识读顺序				
一、识读理论知识记录					
二、识读实践过程记录					
评价	自评(30%)		互评(40%)	师评(30%)	
成绩					总成绩
评价人					

项目技能提升

一、选择题

1. 下列不属于弱电系统范畴的是（   ）。
   A. 防盗报警系统　　　　　　　　B. 综合布线系统
   C. 楼宇自控系统　　　　　　　　D. 室内照明系统
2. 在火灾自动报警系统中，用以发出区别于环境声、光的火灾警报信号的装置称为（   ）。
   A. 火灾警报器　B. 火灾报警控制器　C. 触发器件　　D. 辅助装置
3. 每个防火分区应至少设置（   ）只手动火灾报警按钮。
   A. 2　　　　　　B. 1　　　　　　C. 3　　　　　　D. 5
4. 某地上10层建筑火灾发生时，消防控制中心向电梯机房发出火灾信号及强制电梯下降信号，所有电梯下行停于（   ）。
   A. 五层　　　　　B. 四层　　　　　C. 一层　　　　　D. 二层
5. 安全防范系统的导线敷设后，核对线序并加区分标记，对每一回路的导线用（   ）V的兆欧表，测量它们的对地绝缘电阻值。
   A. 500　　　　　B. 250　　　　　C. 1000　　　　　D. 2500

二、填空题

1. 手动火灾报警按钮是用_____产生火灾报警信号，启动火灾报警系统的器件，是火灾自动报警系统中不可缺少的组成部分。
2. 火灾自动报警系统按照系统功能划分，包括_____和_____两大部分。
3. 火灾自动报警系统主要由_____、_____和_____等组成。
4. 根据安装位置和功能的不同，防火卷帘门可分为_____和_____两类。
5. 在管内或线槽内的布线，应在建筑抹灰及地面工程_____进行，管内或线槽内不应有积水及杂物。
6. 监控电视系统由_____、_____、_____、_____4个部分组成。

三、简答题

1. 周界防范系统由哪些部分组成？核心设备是哪一项设备？

   _____

   _____

2. 消防联动控制系统的功能包括哪些？

   _____

3. 火灾探测报警系统主要由哪些装置组成？

   _____

4. 安全防范系统的布线通常采用哪些敷设方式？

   _____

5. 正压送风系统的功能有哪些？

   _____

项目评价总结

请结合本项目的学习过程以及技能提升训练情况,完成项目学习评价,并自主从项目的知识重难点、技能核心点、自我感受等方面对本项目进行梳理总结,并记录在表7-3项目评价总结表中。

表7-3 项目评价总结表

序号	评价任务	评价标准	满分	评价 自评	评价 互评	评价 师评	综合评价
1	智能建筑弱电系统概述	(1)能够正确理解智能建筑的概念	3				
		(2)能够正确区分智能建筑弱电系统的组成	5				
2	火灾自动报警与消防联动控制系统	(1)掌握火灾自动报警系统与消防联动控制系统的组成	7				
		(2)掌握火灾自动报警系统的常用设备	7				
		(3)掌握消防联动控制系统的类型及适用场合	5				
		(4)能够正确描述消防系统的线路敷设、接地调试的安装工艺要求	5				
3	安全防范系统	(1)能够正确描述安全防范系统的组成	10				
		(2)掌握安全防范系统的常用设备	10				
		(3)能够正确描述安全防范系统线路敷设的安装工艺	8				
4	智能建筑弱电系统施工图的识读	(1)掌握智能建筑弱电系统施工图的组成与内容	10				
		(2)掌握建筑弱电系统施工图的识读方法	10				

续表

序号	评价任务	评价标准	满分	评价 自评	评价 互评	评价 师评	综合评价
5	动态过程评价	（1）严格遵守课堂学习纪律	5				
		（2）正确按照学习顺序记录学习要点，按时提交工作学习成果	5				
		（3）积极参与学习活动，例如课堂讨论、课堂分享展示、课后自主探究	10				
自我梳理总结							

参考文献

[1] 王东萍.建筑设备安装[M].北京：机械工业出版社,2012.
[2] 李炎峰,胡世阳.建筑设备[M].武汉：武汉大学出版社,2015.
[3] 李祥平,闫增峰,吴小虎.建筑设备[M].2版.北京：中国建筑工业出版社,2013.
[4] 孙景芝.电气消防技术[M].3版.北京：中国建筑工业出版社,2015.
[5] 白莉.建筑给水排水工程[M].北京：化学工业出版社,2010.
[6] 靳慧征,李斌.建筑设备基础知识与识图[M].北京：北京大学出版社,2010.
[7] 谢社初,周友初.建筑电气施工技术[M].2版.武汉：武汉理工大学出版社,2015.
[8] 陈松柏,褚晓锐.建筑电气[M].北京：中国水利水电出版社,2017.
[9] 徐志胜,姜学鹏.防排烟工程[M].北京：机械工业出版社,2011.
[10] 殷浩.空气调节技术[M].北京：机械工业出版社,2016.
[11] 陈思荣.建筑设备安装工艺与识图[M].2版.北京：机械工业出版社,2015.
[12] 陈宏振,汤延庆.供热工程[M].武汉：武汉理工大学出版社,2008.
[13] 文桂萍,代端明.建筑设备安装与识图[M].2版.北京：机械工业出版社,2020.
[14] 王斌,李君.建筑设备安装识图与施工[M].北京：清华大学出版社,2020.
[15] 靳慧征,李斌.建筑设备基础知识与识图[M].3版.北京：北京大学出版社,2020.
[16] 涂中强,魏静,赵盈盈.建筑设备识图与施工工艺[M].南京：南京大学出版社,2020.
[17] 王东萍.建筑设备与识图[M].北京：机械工业出版社,2018.